跟著光光老師，教出
高正向小孩

家有大雄不用煩！

「兒童專注力教主」有效解決天天上演的教養難題

廖笙光（光光老師） 著

推薦文

有效解決家長的各種煩惱

小兒科醫師 **陳木榮（柚子醫師）**

生養孩子？不難！教養孩子？很難！

爸爸媽媽很辛苦，有太多事要煩惱。孩子愛說話很煩惱，孩子不愛說話也煩惱；孩子欺負別人很煩惱，看起來好像孩子不欺負別人是好事，可是仍然怕太乖的孩子被別人欺負。

大家別擔心，比哆啦A夢更厲害的光光老師來了，他會一步一步帶領各位爸爸媽媽體驗孩子的教養過程。當孩子出現各式各樣不同的問題時，爸爸媽媽不必再像古早年代一招打罵走天下，不同的事件就應該用不同的辦法來解決，就像哆啦A夢拿出的好用道具一樣。

真心推薦大家來看看這本《跟著光光老師，教出高正向小孩》。

推薦文

擁有教養的任意門

親職教育專家　**楊俐容**

擁有一個像哆啦A夢一樣的朋友，應該是很多孩子童年的共同夢想吧！特別是哆啦A夢變出神奇道具、幫助大雄完成任務或實現願望時，相信所有的孩子心裡都會有「真希望我也有……」的O.S.。

事實上，這種心情放在大人身上也一樣。特別是當了父母之後，面對教養上的疑惑和挑戰時，要是有哆啦A夢幫忙指點方向、提供方法，就會有更多父母樂在其中，並且因此讓更多孩子快樂成長。而這本書正是專為家長創造出來的哆啦A夢。

在本書中，光光老師以專業理論為基礎，解析孩子行為困擾背後真正的原因，讓家長產生「原來如此」的恍然大悟。光光老師接著又以神奇道具做比喻，提供具體可行的方法，讓家長掌握「我也可以試試看」的訣竅。最令人感動的，則是光光老師文字背後對於親子都能快樂幸福的期望。

當父母是一門需要道術兼修的學問，「道」指的是理解、接納、關愛的態度，「術」則是支持、協助、引導孩子的方法。熟讀並善用《跟著光光老師，教出高正向小孩》，你將擁有教養的任意門喔！

推薦文

氣定神閒當個好爸爸

知名親子部落客　**隱藏角色**

人類是群體動物，每天睜開眼睛就是與自己以外的個體溝通。有資格身為父母的我們早就「訓練有素」也融入了人群，得到伴侶認可後誕生了下一代，但在面對小孩不可理喻的行為動怒、無奈之時，是否早已忘記自己也曾同樣令大人心煩過？這時才想起當初自己父母的口頭禪是：「你以後長大就知道了……」

持續演進的現代社會，最需要的特質不是服從與合群，而是溝通、批判思考、合作與創意。《跟著光光老師，教出高正向小孩》從科學的角度切入，分析孩子的心理與生理狀態，找出問題發生的可能原因，也列出實際的解決辦法；先了解孩子，再引導孩子，而非馴服孩子。如此不但緊密了親子關係，也是給孩子親身演示人與人之間的溝通技巧，帶給「學習」這件事更多樣貌。

雖然我的孩子還在包尿布，但我可以及早做好準備，並細細觀察與驗證孩子的行為，勝過狀況來臨時手忙腳亂。帶小孩也可以氣定神閒，好爸爸看起來應當如此，不是嗎？

自序

孩子，就是我們的「時光機」

除了在醫療機構服務之外，我還有另一個身份，就是四處演講，協助老師、保母、家長們可以更認識孩子的內心想法，才能正確地引導孩子。也許是我演講時台風比較穩健，很多人以為我天生外向，那可真是一個大誤會。其實我從小就很內向，總是一下課就往家裡跑，整天窩在家一動也不動的。幸好當年沒有「宅男」這個詞，不然就會變成我的綽號。

至於上台發言、表演、比賽，我更是一個絕緣體，不是因為我不想出風頭，而是「肚子」不配合。我只要一緊張就會感覺腸胃絞痛，一定要跑廁所，又如何能上台演講呢？就這樣一直到大學畢業，進入職場工作，依然如此。從台下走上台，只有短短十幾步，但我能走上講台、拿起麥克風、克服自己的恐懼，卻足足花了五、六年的時間。雖然已經講了十年多，直到現在，我在演講前依然習慣保持空腹，就怕哪天肚子又痛了起來。

就在我大女兒出生後，我發現她的個性真的超級像我，一來這讓我感覺非常窩心，因為她的想法與我非常相通；二來卻也有隱隱的擔憂，我彷彿可以清楚預期到寶貝日後可能遭遇到的困擾。大女兒像我一樣心思細密而敏感，對於一點點小變化也能察覺。由於害羞且怕生，雖然在家裡都沒問題，但只要一出門遇到外人，她就會躲藏在媽媽身後，只露出一雙眼睛偷偷看著。這一點我不能否認，跟我小時候一模一樣。

當大女兒準備上幼兒園時，我們也進入了難以抉擇的困境，究竟是要選擇全美語、雙語，還是蒙特梭利呢？在仔細思考後，我們選擇的是以「音樂教育」為主的教會附設幼兒園。記得大女兒剛進幼兒園時經常哭哭啼啼，哭到全校出名，但在老師們的引導下，在一次次的音樂、唱詩、唱遊中，她逐漸獲得表達自我的樂趣。不到兩年，大女兒就可以大方地站在舞台中央，在擠滿觀眾的教堂中表演。

相信爸媽們都有這樣的感覺，看著孩子站上舞台那一霎那，似乎內心的自己也變得更加勇敢。孩子就像一台「時光機」，讓我們有機會可以回到童年時光，彌補過去曾經有的缺憾。在引導孩子成長的過程中，其實就是給我們自己一個機會，讓我們有重新成長的契機，使自己變得更加「完整」。

很感謝我的兩位寶貝女兒，藉由與她們每天互動的過程，讓我可以重新將「兒童發展理論」再理解一遍。教科書上寫的內容，可以透過每一天、每一件事的實踐，讓我運用在真實人生上，也讓我對孩子與家庭有更深的感受。

教養孩子不只是給予衣食上的照護，也不是要逼著孩子讀書、把他們當作爸媽的玩偶。請各位爸媽不要忘記，孩子是獨立的個體，不要把我們的信念強加在他門身上，而是要學著了解孩子的特質與想法，才能適切引導出他們與眾不同的天賦。

就讓我們來了解孩子的內心，跟著孩子一起正向成長吧！

目錄

社交篇

專注篇

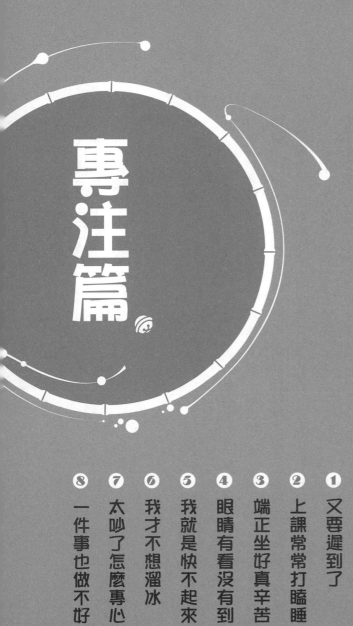

大雄不是懶

沒動機才是最大的問題

在〈哆啦A夢〉故事中的大雄，做事老是漫不經心、動作慢吞吞，常把在一旁的哆啦A夢急個半死。媽媽要他去寫作業，前一秒還坐在書桌前，後一秒卻躺在地板上睡著了。大雄甚至曾創下「睡覺冠軍」的世界紀錄，僅僅用零點九三秒就可以睡著。大雄的大腦每天昏昏沈沈，看起來不是在放空，就是在發呆，當然不可能專心。

但是，你有沒有發現一個很奇怪的現象？只要一到〈哆啦A夢〉的長篇故事時，大雄就像換了一個人，變得特別活躍與帥氣。難道是哆啦A夢拿出道具幫大雄找了個替身嗎？當然不是，而是我們都忽略了一個重要的因素，那就是「動機」。

沒動機才是最大的問題。大雄在家裡，凡事提不起興趣，一切都無所謂，就是這樣不在乎的態度讓媽媽非常火大。即便惹得媽媽大發雷霆，他還搞不懂為什麼自己什麼都沒做，媽媽也要生氣。其實，什麼都不想做、沒動力，才是大雄最大的問題。

相反地，當碰到重大事情時，大雄卻變得非常可靠。大雄雖然個性膽小，動作稱不上靈巧，卻有一顆非常善良的心。碰到別人有困難時，他會盡力幫助別人，甚至不顧及自己是否會惹上麻煩。即使要面對他最害怕的胖虎，大雄也會鼓起勇氣，一點也不退讓。就是有了「動機」作後盾，他才能變得如此積極而有活力。

但大雄為何在生活中沒有動機呢？這才是我們最應該問的問題。在大雄一、二年級時，憑著努力還可以考得不錯，但是升上了三年級，他面臨一些抽象概念的數學題目，開始感到吃力。等到四年級，就突然兵敗如山倒，在學校跟不上進度。結果大雄越是努力，越是感到挫折，也就漸漸失去了努力的動機。

大雄並不是愛偷懶、沒志氣、不專心，而是卡到一些小問題，卻不被大家了解。甚至連大雄自己都搞不清楚究竟是哪裡出了問題，明明很認真地抄黑板，卻常常抄錯作業；明明答案都會寫，但是考試居然漏看好幾題，空了一大塊題目在那裡。

或許，藉由大雄和哆啦Ａ夢間的互動小事，可以幫助大雄找出關鍵，讓他重新找回失去的「動機」唷！

1 又要遲到了

道具介紹　任意門

「任意門」是哆啦A夢最常用的道具之一，只要開啟這扇門，不論距離多遠的地方都可以輕鬆到達，比搭飛機或火箭要快得多，真是太神奇了。

大雄早上常常賴床，要不然就是拖拖拉拉，上學總是遲到。有一次他快遲到了，本來要被罰站，好險哆啦A夢拿出「任意門」，一打開就直接到教室門口，在老師點名的最後一刻抵達。還好有「任意門」，總算有一次沒遲到了。

狀況來了：上學老是來不及

孩子明明已經設好鬧鐘，還特別選了超吵的鈴聲，音量調得特別大，但是早上依然爬不起床，搞得兩、三天就遲到一次。究竟是什麼原因呢？是因為孩子個性懶散，還是沒有時間觀念？真是讓爸爸媽媽好頭痛。

的確有些孩子每天早上都喜歡賴床，就算鬧鐘叫了好久，甚至試圖搖醒他，就是很難叫起來。這主要是因為「生理時鐘」的關係。如果不是在孩子「生理時鐘」所設定好的起床時間卻硬要叫他起床，往往非常困難，甚至叫到爸媽都生氣了，孩子還窩在被窩裡。

其實，孩子所需要的睡眠時間遠比大人來得多，最好以能睡滿八至十個小時為佳。科學研究發現，睡眠不僅僅是讓身體休息，更與腦部的新陳代謝有關，透過充分的睡眠，才能幫助大腦補充能量，讓孩子頭腦清醒，更能專心讀書。

說到時間，我們第一個想到的就是手錶。而我們身體裡也有一個時鐘，就是「生理時鐘」。只要時間一到，即便沒帶手錶，我們也可以知道現在大概是幾點。最明顯的就是去美國旅遊時，由於時差的關係，明明外面是大白天，但是一到下午三點就忍不住想呼呼大睡。也因此，如果孩子的生活規律性不佳，有時九點就睡覺，有時十二點還不睡，每天睡眠時間都不固定，生理時鐘一下被往前調、一下被往後轉，孩子又怎麼可能準時起床呢？

幫助孩子建立規律的生活作息，才是讓孩子早起不遲到的關鍵喔！

給爸媽的話

如果孩子早上起不來，為了避免遲到就直接幫忙他們快速到達學校，是治標不治本的做法。很多時候我們也不知不覺變成了孩子的「任意門」，像是怕他遲到就開車載他上學，結果他不但學不會早起，反而覺得時間夠用，變得更會賴床。

那應該怎麼做呢？重要的不是去調整床頭的鬧鐘，而是要調整腦袋裡的時鐘。不過，和大人想像的不一樣，生理時鐘並不是由大腦意識所控制，反而是由我們的「胃」來控制的。也就是說，我們是被「飢餓」叫醒，而不是「意識」。正因如此，不管你是溫柔地講道理，或是嚴厲的責備，都只是在說服孩子的大腦，而不是他的胃，當然沒效。

現代人因為忙碌，吃晚餐的時間越來越晚，有時甚至往後延遲兩個小時，當然孩子的生理時鐘也跟著被往後調，早上就更難準時起床。再加上許多爸媽都有吃宵夜的習慣，孩子跟著一起吃，但是肚子裡的食物經過一整晚還沒消化完，等到天亮肚子還是飽飽的。也因為不會餓，就更容易賴床叫不起來。

我們最容易感到餓的時間，大約是在凌晨五點半至六點半。飢餓的感覺大約可以持續兩個小時，如果睡晚了就會餓過頭。有時候我們心疼孩子睡不夠，讓孩子多躺一下，反而錯過了孩子肚子餓的時間。過了七點半後，孩子已經不餓了，這時當然更不容易叫起床。等他們一醒來又被逼著吃早餐，根本就是在折磨彼此。相反地，如果提早在七點前叫醒孩子，讓他們有多一點時間清醒一下，反而更容易成功，也能讓孩子好好吃完早餐。

跟著光光老師這樣做

「睡覺」不只是躺著讓身體休息，也不是浪費時間，不然我們應該早就演化成不需要睡眠才是。想想看，有沒有動物不需要睡眠呢？事實上，睡眠有一個非常重要的功用，就是大腦裡的「大掃除時間」。

大腦需要思考，需要耗費大量的能量，當然也會代謝出一些廢物。當我們進入深度睡眠週期時，腦部的「腦脊髓液」會更新代謝掉這些累積的垃圾，讓大腦煥然一新，才能應付隔天全新的任務。相反地，如果這個清潔系統故障，大腦就像是一個過濾器失靈的魚缸，你覺得會發生什麼事？

回想一下，你有沒有曾經失眠過？隔天雖然清醒，但就是有那種走路輕飄飄的感覺，好像連踩在地板也覺得奇怪，大腦更是昏昏沈沈，難以思考。由此可見，讓孩子專心的第一步，就是要幫孩子培養出良好的睡眠週期。

不過，要養成早起的好習慣，關鍵不是壓著孩子早點上床。有時孩子躺在床上翻來翻去，搞一、兩個小時都睡不著，這樣一點幫助也沒有，反而讓爸媽更容易生氣，所以在協助孩子入睡上，爸媽必須注意三個關鍵點：

一、睡前太興奮

由於一整天跟孩子互動的時間並不多，當孩子趕完功課後，難免會陪孩子多玩一下。但是請千萬記住，在睡前一個小時不可以和孩子玩得太興奮。當孩子的大腦處於興奮狀態就很難入睡，需要約三、四十分鐘才會安穩下來。

二、光週期干擾

現在電視機螢幕尺寸越來越大，畫質也越來越好，但也出現一個新的問題，就是短波「藍光」會干擾睡眠週期，因為它會使大腦誤認為現在是白天，干擾褪黑激素的分泌，使得睡眠週期延後。因此在睡前一個小時，請不要讓孩子玩手機、看電視，以免干擾睡眠週期。

三、體力太旺盛

孩子總是充滿活力，精力旺盛得不得了，要讓孩子一整天乖乖的不要動，真的很困難。孩子總是需要發洩他過多的體力，最好的方式不是限制他，而是在傍晚接孩子回家時，先帶孩子在校園裡跑一跑、動一動，花上半個小時，這樣晚上就會比較好睡喔！

給爸媽的小提示

孩子在不同成長時期的睡眠需求都不同，以下時間提供參考：

新生兒（零至三個月）：每天需要十四至十七小時的睡眠，並且還沒有明顯的晝夜差異，隨時都可以睡。

嬰兒（四至十一個月）：白天需要睡三十分鐘至兩小時，次數約一至四次；每天需要十二至十五小時的睡眠。

幼兒（一至兩歲）：白天睡一次，約一至三小時；每天需要睡十一至十四小時。

學齡前兒童（三至五歲）：白天已經不太需要小睡；每天需要睡十至十三小時。

學齡兒童（六至十三歲）：白天已經不太需要小睡；晚上需要睡九至十一小時。

青少年（十四至十七歲）：晚上需要睡八至十小時，最好在十一點以前就寢。

資料來源：《美國國家睡眠基金會》（National Sleep Foundation）

❷ 上課常常打瞌睡

道具介紹 瞌睡貼紙

哆啦A夢的神奇道具「瞌睡貼紙」，根本就是發呆一族的神器。只要先和「瞌睡貼紙」說好預計要做的事，再把它貼在眼睛上，就可以邊睡覺邊做事，真是方便極了。

大雄在上課的時候常常發呆、放空，甚至打瞌睡。有了「瞌睡貼紙」，就算不小心睡著，也不用擔心功課沒寫完。只不過半夢半醒間寫出來的答案，鐵定錯誤百出啊。

狀況來了：上課無精打采、很愛睏

孩子在學校上課常昏昏沈沈、無精打采，好像都沒在聽老師說話。不是趴在桌上，就是用手撐著頭，雖然人坐在教室裡，但靈魂早就出竅神遊去了。明明每天都睡足八個小時，晚上也在十點前上床，為什麼孩子上課還是常常打瞌睡呢？

這些上課昏沈的孩子，往往是因為大腦的「覺醒度」較低。簡單來說，「覺醒度」就是人類的清醒程度，絕大多數孩子可以維持在一定的高度，但如果孩子一直保持在較低的水平，就會出現昏沈的狀況，導致無法長時間專注，很容易被誤認為是「笨孩子」。

也因為「覺醒度」過低，大腦處於類似剛睡醒的狀態，很容易感到疲累，就會給人一種無精打采的感覺。此時孩子為了要維持清醒，會不自覺地玩手指、扭身體、玩頭髮，透過這些小動作給予自己感覺刺激，增加清醒度，讓自己可以專心。此時如果越是要求孩子手腳不要動，越會出現放空或發呆的情況，結果演變成雖然乖乖坐好不動，但是大腦沒開機，也就有聽沒有到，白白浪費許多時間。

不只是孩子，連我們大人偶爾也會有這樣的情況。比方說前一晚加班熬夜到凌晨一點才離開辦公室，老闆卻又在八點要開一個無趣的例行會議。這時雖然已經灌下了一大杯咖啡，還是趕不走周公的糾纏。明明超級想睡，卻又不能睡，只好一下子捏自己的手背，一下子用筆戳自己的大腿，就是為了獲得一些刺激，讓自己可以撐開那沈重的眼皮。

給爸媽的話

對於這些「覺醒度」較低的孩子，教導他們以不干擾其他人的方式獲得感覺刺激，以維持專心程度，才是協助孩子的關鍵。比方說讓孩子去洗一把臉、站起來走一走，都是相當不錯的方式。

相反地，越是嚴格限制孩子的「小動作」，等於是讓孩子失去叫醒自己大腦的能力，反而更無法專心。對於這些孩子，越是乖巧聽話，越無法讓自己維持清醒，因而無法跟上學校的進度。甚至會因為在課堂表現不佳，動作拖拖拉拉很難完成指定工作而被處罰不准下課，這樣反倒讓孩子更無法獲得感覺刺激的時間，陷入更昏沈、不專心的「惡性循環」中。

我們容易對刺激、新奇的事物感到驚喜，也因此「覺醒度」較低的孩子往往在新事物的學習上，可以展現出獨特學習能力。然而，當來到單純而反覆的練習活動時，雖然比較簡單，卻會因為刺激不足而出現昏沈的現象，表現得相對比較差。

就是因為這樣與眾不同，這類孩子雖然平常表現不佳，但是在面對困難時卻常有出人意料之外的表現。所以，關鍵是讓孩子找到可以喚醒自己「覺醒度」的小方式，不論是跳一跳、轉一轉等等，都可以幫助孩子大腦變得專心。

跟著光光老師這樣做

覺醒度不會一整天都保持在同一水平面，就像我們在下午一、兩點時特別容易覺得昏昏沈沈、較難專心。孩子也是如此，年紀越小，上下波動就越大。協助孩子的第一步，就是仔細觀察孩子的生活作息，看在哪時候可以特別專心、哪時候會特別昏沈。幫孩子安排好符合「覺醒度」的時刻表，就能增加孩子的專注力。

請不要將規劃時間的任務交給孩子，因為孩子在十歲之前還不具備安排時間的能力。孩子往往看到什麼就想做什麼，結果將時間全花在有興趣的事情上，不喜歡的事一件也沒做，最後一定又惹爸媽生氣。因此，幫助孩子建立明確時刻表，養成規律的生活作息，就是協助孩子最好的方式。

孩子昏昏沉沉、無法專心時，請允許孩子走一走、跳一跳，讓大腦清醒一下再回到座位上繼續努力，這樣遠比一直要孩子撐著坐在那裡來得有效率喔！

下面列出一些可以在家裡做的小活動，給爸媽參考。相信你可以想出更多的好方式！

一、提供前庭刺激

當有強烈的速度感時，往往會讓精神為之一振，把瞌睡蟲通通趕跑。還記得當年我們考聯考時，當讀書讀到大腦空空，老師就會要你去跑跑步，其實就是在藉由前庭刺激誘發「覺醒度」，讓大腦重新啟動。當然我們不能把家裡當操場讓孩子跑來跑去，但是可以準備一個彈跳床，讓孩子藉由跳躍一百下來獲得類似刺激。

二、提供觸覺刺激

溫柔的觸碰，加上掌心的溫度，往往能讓人感到放鬆；相反地，用力拍打、冰冷的感受卻會讓人立即清醒。當孩子昏昏沈沈時，我們可以透過冰涼的刺激讓孩子大腦清醒一下。但請不要把這些感覺刺激當作處罰工具，不然孩子只會越來越排斥，即使有效，孩子也不願意配合喔！

三、提供聽覺刺激

溫柔緩和的樂曲讓人感到放鬆，卻會讓覺醒度低的孩子昏昏入睡，反而是節奏強烈、音量大聲的搖滾樂曲可以讓他們專心讀書。這點與我們絕大多數人的認知相反。不過在挑選音樂時，有兩個原則必須注意：一是盡量選擇沒有歌詞的樂曲；二是提供固定的專輯，以免讓孩子分心在聽音樂上。

給爸媽的小提示

「覺醒度」就是大腦保持清醒的程度。人類的覺醒度並非一直維持穩定，而是上下週期的波動，不論過高或過低都不好。覺醒度過高時會過度興奮，過低時則會昏睡，兩種狀態都不恰當。因此，保持規律的生活週期，減少上下波動的幅度，才是最重要的事。

❸ 端正坐好真辛苦

道具介紹 穿透坐墊

靜香一直都是非常乖巧的孩子，也很在意自己的表現，就算再不舒服也會努力忍耐。即使是靜香，要一直保持跪坐也很辛苦，常跪到雙腳都麻了。還是當男生好，隨便躺著也不會被罵。哆啦Ａ夢一聽，馬上拿出「穿透坐墊」。

這個坐墊最神奇的地方就是，雖然看起來跪著，但是腳可以穿透地板，輕輕鬆鬆放在底下，只不過地板下乾不乾淨，會是很大的問題喔！

狀況來了：老是不能端正坐好

孩子老是像大雄一樣坐沒坐相，不是身體歪七扭八，就是整個人趴在桌上，甚至連腳都蹺起來了。就連坐在沙發上都整個人大剌剌躺著，是沒長骨頭嗎？為什麼就是不能乖乖坐好呢？

對於絕大多數的孩子，端正坐好都是輕而易舉的小事，但對像大雄這樣「核心肌肉群耐力」不佳的孩子來說，卻是一件苦差事。由於身體肌肉力量不足，坐的時候容易感到疲憊，因此會扭來扭去坐不好。

「核心肌肉群」就是維持身體姿勢的肌肉群，需要持續用力才能讓身體維持得又直又正。如果這些肌肉力量不足，孩子會一下子往左靠、一下子往右靠，像毛毛蟲一樣坐不住。這些孩子在讀書時，為了避免頭部晃動，會用手托著頭，但看起來超級沒精神，更容易惹老師生氣。他們的家庭聯絡簿上也就常被寫下「上課不認真」的評語。

事實上，這並非孩子不認真，也不是不配合，而是孩子的身體肌肉練習機會太少了。想想看，我們小時候常需要將雙手高舉拿高處的東西，自然就擁有大量的背部肌肉力量練習。從小練習到七歲，雙手和背部自然就很有力量，要坐正也就不是一件難事。

相反地，現在孩子雙手太少舉高，所有動作都在肩膀的「水平面」以下，當然雙手與背部肌肉力量就會不足，才會出現東倒西歪的坐姿。如果此時孩子又有腹部肌肉力量不足的問題，那鐵定不只是扭來扭去，還會出現喜歡躺在地上的情況。

給爸媽的話

當我們要求孩子「專心」時，究竟是要讓孩子專心做事情，還是要孩子乖乖坐好？我想當然是前者，但是真的只要孩子端正坐好，就會是最認真的時候嗎？還是像靜香一樣只是一直在努力忍耐呢？

因為靜香是乖寶寶，所以大家就相信她，願意幫她解決問題；同樣一句話如果換成是大雄說的，大家肯定會認為他是為了偷懶而找藉口。但其實，大雄才是真正需要幫忙的孩子。

對於核心肌肉群耐力不佳的孩子來說，坐椅子如同半蹲一樣疲憊，光是要保持坐正就會消耗掉大半體力，在這種狀態下，你覺得他會專心讀書，抑或是讓大腦放空？當他努力坐好，我們卻抱怨他不認真聽課；當他專心聽課時，我們又責備他不乖乖坐好，當然孩子也就越來越挫折，甚至對學習感到恐懼。

我們應該把「專心學習」和「端正坐好」分開來練習。首先讓孩子用舒服的方式來學習，讓孩子不會恐懼學習，把學習變成一件輕鬆的事。再來要提供適合的桌椅，給予額外的支撐，而不是一直在旁邊唸：「要坐好，不要亂動。」這樣一點幫助也沒有，只是讓孩子在應付學習上感到更加疲累而已。

當然，不良姿勢會導致視力問題，甚至會導致脊椎側彎，因此還是需要持續培養出孩子的核心肌肉群耐力。當孩子的肌肉變得有力氣，自然就可以端正坐好、專心學習，不需要你一直耳提面命。

跟著光光老師這樣做

我們常常覺得「動作」比較重要，卻忽略「姿勢」的重要性。事實上，一定要有良好的姿勢，才能有協調的動作。所以核心肌肉群的肌肉力量是否良好，才是最重要的關鍵。想想看，如果孩子的身體都不能穩定，手腳又如何協調地動作呢？

孩子需要的不是包容而已，更需要提供適當的訓練，以培養出核心肌肉群的肌肉力量。當然這不容易，因為肌肉力量的訓練需要反覆持續練習，就像上健身房那樣，不會只花一天做一千下伏地挺身，隔天就變得強壯，必須持之以恆的鍛鍊才能讓肌肉變強壯，而我們，就是孩子的健身教練。

我們可以幫助孩子確認以下幾個問題，並協助訓練：

一、背部肌肉力量不佳

背部肌力不佳的孩子常常會彎腰駝背。這時不需太擔心，這往往是由於雙手高舉的機會太少造成的。所以，請不要再把孩子的東西都放在櫃子下面最低的那幾格，而是應該放高一點，讓孩子有更多把手舉高的機會。此外，我們還可以將氣球用繩子吊起來，差不多是孩子手伸直可以碰到的高度，讓孩子練習拍一百下，就可以訓練到孩子的背部肌肉力量。

二、腹部肌肉力量不佳

喜歡懶懶躺著的孩子往往腹部肌力不佳。肚子就像是一顆皮球，想像一下腹肌沒力時，就像皮球洩了氣一樣，在上面的胸腔一壓下來就會撐不住，當然也坐不正。倘若仰臥起坐的動作對孩子來說難度過高，其實可以讓孩子先玩跳跳馬，或是到公園玩搖搖馬，透過一些器材或遊戲讓孩子培養出腹肌的力量。

三、肩膀穩定度不佳

我們在寫字時，除了手指需要拿筆外，是不是還要移動手臂？想想看，如果一個孩子的肩膀沒力，寫字時一隻手臂在桌面拖來磨去，身體也自然會越來越靠近桌子，又如何端正坐好？訓練這點的方式其實非常容易，那就是玩「扯鈴」。玩扯鈴時，雙手必須反覆做動作，同時肩膀又要保持穩定，不然扯鈴就轉不起來。只要孩子學會玩扯鈴，就表示肩膀能保持穩定不亂動。

給爸媽的小提示

增加肌肉力量的訓練，不應該過度集中、一天把整個星期的量一次做完，這樣反倒會讓肌肉受傷喔！事實上，肌肉在大量使用後，必須要有休息的時間讓肌肉長大，才能變得越來越有力量。就像上健身房運動，一週最少需要三次練習，並且要有間隔時間，才會是最好的訓練方式。

❹ 眼睛有看沒有到

道具介紹　封殺手套

在哆啦A夢的道具中，有一組「黃金棒球組」，其中有一個百分之百會打中的球棒，以及一個百分之百可以接住球的「封殺手套」，還有一個主將頭盔。

大雄不只揮棒打不到，高飛球還常常漏接，每次男生要一起玩棒球時，大雄總是被叫去湊人數，但是比賽輸了，大家又會生他的氣。現在有了「封殺手套」，再難接到的球也不會漏接，對大雄來說，真是太棒了！

狀況來了：東西在眼前就是找不到！

孩子的眼睛很大，明明東西在前面，卻常常有看沒有到。沒有爸媽幫忙就什麼都找不著，為什麼孩子不能用心一點呢？還有考試的時候經常跳字漏行，就連抄個聯絡簿也亂七八糟，已經提醒過好多次都改不了，究竟是怎麼了？

關鍵問題並不在於孩子用不用心讀書，而是孩子可不可以接住高飛球。接高飛球只是個遊戲，跟讀書專心有什麼關係？我想很多人都有這樣的疑問。

「丟接球」就是一種最好的手眼協調訓練。手眼協調如果出現問題，不只孩子的體育不好，更會影響學業學習的技巧，特別是在「抄寫聯絡簿」方面。許多在教室上課抄黑板很慢的孩子，並非寫字慢，而是每次抬頭看黑板、低頭寫字時，常常眼睛找不到究竟自己寫到哪裡，所以才會抄個聯絡簿也花掉很多時間。

但為什麼抄同學的聯絡簿卻可以寫很快，難道是孩子偷懶？這其實是因為抄同學聯絡簿的時候，頭部轉動範圍較小，手眼協調終於跟得上了，卻又被誤認為喜歡偷懶，你說他冤不冤枉呢？

當孩子的手眼協調不佳，眼球追視動作也會受限，在閱讀時，常常出現不自主晃動的情況，導致跳字漏行，特別是在考試時，需要在短時間內閱讀大量文字，更容易因為眼球肌肉疲憊而出現漏題的狀況。

想想看，你是不是有過這樣的經驗：在大太陽下看書，紙張反光過度強烈，導致你連看都看不清楚。在這樣的情況下，你還會一直閱讀嗎？還是放在旁邊休息一下等陽光不那麼刺眼再看呢？

同樣的，手眼協調不佳的孩子也碰到同樣的困擾，因為眼球動作肌肉容易疲憊，導致閱讀效率越來越差，但是不被我們大人理解，甚至被錯怪。

給爸媽的話

「手眼協調」的發展關鍵期在孩子五歲左右，這時孩子透過玩球、丟飛盤、接沙包等活動，自然而然在遊戲中發展出良好的雙手與眼球之間的合作能力。就像是一對原本陌生的夥伴，在反覆的參與活動中培養出良好的默契一般。

然而，現在的孩子在五歲時，玩球的活動卻變得相當少，反而是頭部一動也不動地坐在桌椅前讀書，或是盯著電視、玩手機，導致孩子手眼協調的練習機會大受限制。

想想我們小時候，究竟是先學會丟接球，還是先學會閱讀呢？沒有良好的眼球動作能力做基礎，孩子又如何流暢地看清楚一排排密密麻麻的文字。我們是幸運的，先練好手眼協調後才開始學習閱讀，自然一切都不困難。

相反地，現在孩子的手眼協調缺乏練習，等到七歲上小學時，往往會出現一些小困擾，而讓讀書變得困難。想想看，如果你低頭看書，抬頭就找不到黑板上面的字，還能認真讀書嗎？

動作能力並非與生俱來，而是需要大量的經驗累積才會逐漸發展出來。因此，請拿起家裡的皮球或飛盤，多多陪孩子玩丟接球的活動，才能幫孩子的培養好手眼協調能力，為孩子的閱讀打好基石。

跟著光光老師這樣做

對於有看沒有到的孩子，請不要將「不專心」的標籤貼在他身上，而是要找出可能的原因。除了手眼協調的問題以外，還有另外三種原因也必須考慮，並且協助孩子練習：

一、背景區辨

是指物品放在一個複雜的背景環境中，可以立即分辨、指認的能力。如果孩子對於「深度」無法察覺，就容易出現要找抽屜中的東西卻找不到的情況，於是只好翻箱倒櫃，結果把抽屜裡已經整理好的東西又弄得一團亂。可以趁著孩子超級喜歡動物的時期，多帶孩子去動物園逛逛，讓孩子練習找出動物在哪裡，就是最好的方法。此外，如果在家裡，也可以透過像《威利在哪裡？》這類視覺搜尋遊戲來幫助孩子練習。

二、完形概念

是指物品被遮蔽住一半或部分導致輪廓缺損時，也可以在腦海中自行補足缺損部分而辨識出物品的能力。如果孩子對於完形概念不成熟，就容易出現東西被遮住一半卻看不出來的情況。最簡單也最好的練習方式，就是跟孩子玩「躲貓貓」的遊戲，讓孩子練習只要看到你的鞋，就可以猜到你在哪裡。透過遊戲，孩子可以在沒有壓力下練習，進而發展出良好的完形概念。

三、周邊視野

是指視野周邊對於快速移動物品的察覺，並立即做出適當反應的能力。如果「周邊視野」敏感度不足，孩子就不容易察覺環境變化，而常常會有搞不清楚狀況需要大人提醒的情況出現。周邊視野一定要伴隨「移動」才可以練習，因此，爸媽有空時還是要多多帶孩子去公園，可以騎腳踏車、玩飛盤、踢足球，透過活動給予的視覺回饋，誘發周邊視野的敏感度。

給爸媽的小提示

在跟孩子玩丟接球時，請注意一個原則：先讓孩子成功。就是因為孩子能接到球，不會球球落空，才會願意持續練習。一開始請使用比較大的皮球，讓孩子可以輕鬆接到。當孩子可以百分之百接到後，再換較小的球，等換到網球大小之後，就可以練習丟接反彈球來增加難度喔！

5 我就是快不起來

道具介紹　加速發條

在哆啦A夢的道具中，「加速發條」非常出名。只要把「加速發條」黏在身上，然後用力轉動，就可以讓自己動作加快，連跑步都會像新幹線列車這樣快速。這對於動作老是慢吞吞的大雄來說，真是太好用的道具了。只不過大雄雖然動作變快，還是笨手笨腳，結果反而把事情弄得更糟糕……

狀況來了：做事老是慢吞吞

孩子不論做什麼都慢吞吞，即使是一直叫他也是反應慢半拍，常常爸媽都急壞了，他還是一樣悠哉悠哉，真令人火大。在團體裡也是一樣，明明大家都已經開始動作，他還一直在旁邊看，眼看別人都快做到一半，他好像才突然醒過來。這是孩子不用心嗎？還是哪裡有問題？

要了解這個問題，就得先認識一下我們的腦。腦不是只有一個，而是有三個，分別是大腦、中腦、腦幹。

大腦負責的是思考，也稱為靈長類的腦；中腦負責的是自動化，也稱為哺乳類的腦；腦幹負責維持生命，也稱為爬蟲類的腦。我們常常最重視大腦，認為聰明會思考就代表一切，但其實這三個腦一樣重要，缺一不可。腦幹雖然不會思考，但如果它受傷了，會讓我們連呼吸都有困難，這樣你還覺得它不重要嗎？

當我們學習一個新技巧時，需要大腦思考來幫助記憶步驟，並透過神經系統傳出訊息，要求手腳上的肌肉執行動作。此時需要大量的大腦思考，仔細考慮環境的回饋並立即調整，才能達到最好的表現。隨著經驗的累積，孩子也越來越熟練，這時動作會轉換成「自動化」而儲存在中腦，才能讓大腦去學習其他新鮮事。

讓我們回想剛考上駕照時，你開車上路會一下注意後照鏡、一下打方向燈，突然有車插入車道也會讓你膽戰心驚。但如果你每天開車，一年後，即使早上還感覺昏昏沈沈，卻可以不需想太多而開到公司。這就是因為熟練，讓動作變成一個「自動化程序」，而這點就是讓孩子動作快起來的關鍵。

關鍵不在孩子的「大腦」，而是「中腦」的效率好不好。因此不論你如何耳提面命，對孩子來說幫助不大，他的大腦真的知道，只是中腦沒辦法跟上，當然也就動作慢吞吞。請不要一直數落孩子，而是帶著他一起做，把動作變熟練才重要。

給爸媽的話

我們都太習慣補習，希望孩子教一次就「學會」，卻忘記「熟練」的重要性。「學會」只是讓孩子的大腦知道，就像是擁有駕駛執照那樣，代表的是了解如何開車、記得交通規則，並不表示駕駛技術好。相反地，「熟練」才是讓行為變得「自動化」的關鍵，透過一次次動作經驗的累積，讓孩子不需要思考也可以順利完成動作。

我們需要教孩子的不只是「學會」，更是要「熟練」。這個關鍵時期其實是在孩子五歲以前。此時，孩子喜歡反覆做同一件事情，常常一個卡通明明已經看了十幾遍，還是樂此不疲。

重複可預期的事物對他們是很有趣的，就連綁一個蝴蝶結也可以玩上十幾分鐘，玩一個星期。這就是孩子在自己練習把動作變熟，到最後不需要思考就可以順手捻來，然後就可以自信滿滿地向大家炫耀，讓別人分享他的喜悅。

五歲以後，孩子會開始越來越討厭重複舊事物，一直想學習新東西，而把無聊掛嘴邊。由於發展特質不同，這時要叫孩子學習熟練當然比較困難，遇到需熟練度的活動就需要和孩子堅持。

趁著孩子年紀還小，少幫孩子做一點，多讓孩子自己嘗試。這不是因為我們懶惰，而是幫他們準備好足夠的動作技巧，才能應付未來的學習需要。

跟著光光老師這樣做

孩子動作會慢吞吞，不是孩子個性懶散。很多時候，孩子動作慢並不是因為他不想做，而是快不起來。

因為動作協調不好，只要動作稍稍加快，就會手腳大打結，變得漏東漏西，結果更糟糕。孩子其實很了解自己，所以才會一直慢慢來，久而久之就變得拖拖拉拉。在協助孩子時，不是一直唸孩子不專心，而是找出導致他慢吞吞的三個原因，才能幫孩子克服困難喔！

一、身體界線不佳

指的是孩子察覺自己身體範圍的能力不佳。這就像開著一輛車卻不清楚自己車子的大小，就會不停左顧右盼，擔心自己擦撞到別人，當然速度快不起來。孩子因為不能掌握自己的身體範圍，所以需要依賴大量的視覺回饋才能做出適當的動作，導致動作慢半拍。這時可以讓孩子多玩攀爬架、爬梯子、關燈找物等小遊戲，藉由遊戲讓孩子熟悉身體範圍，進而促進身體界線的發展。

二、順序概念不佳

孩子記得要做什麼事情，但經常弄錯先後順序，結果做越多、錯越多。對於只有一、兩個步驟的活動都表現很好，超過三個步驟就開始搞不清楚，當然就學會依賴同學，常常故意做得慢一點，先看別人怎麼做才跟著動手。久而久之，就會等別人做完才動作，變成凡事慢半拍。這時，「簡化步驟」是最有效的加速方式，例如簡化成三階段口令，讓孩子可以輕鬆記得，就可以加快他的速度。此外，也可以鼓勵孩子去玩跳格子、電話覆誦、打擊樂等需要順序記憶的活動，都是很好的練習。

三、動作計畫不佳

孩子可以運用過去經驗在大腦裡自行組織出一個可執行的計畫，就稱為「動作計畫」，這也是「問題解決」能力的基礎。動作計畫有困擾的孩子，常會因為搞不清楚狀況而呆在一旁看，直到別人做完才恍然大悟。這不是孩子懶惰，而是太常依賴大人教導，以至於自己練習組織活動的經驗不足。有這種狀況的話，就需要多多鼓勵孩子，讓孩子有更多機會當示範者。透過當第一個出發的孩子，給予孩子練習組織計畫的經驗，自然動作會變得越來越快。

給爸媽的小提示

要增加孩子對於自己的身體感覺，最好的方式就是關燈讓環境變暗。我們小時候都有走過暗暗的路的經驗，此時必須特別小心感受地面，注意旁邊會不會撞到東西，也就因而培養出對身體界線的感受。相反地，現在要找到暗暗沒路燈的地方卻非常困難，孩子也就缺少機會練習。

有事沒事時，就多跟孩子玩「關燈走路」的小遊戲吧！

我才不想溜冰

道具介紹 任意溜冰鞋

不論是溜冰鞋、踩高蹺、滑雪、騎腳踏車，對於平衡感超差的大雄來說，就像登天一樣難。當大家一起約出去玩這些遊戲時，大雄總是說：「我才不想玩。」然後又會回去請哆啦A夢幫忙看有沒有道具可以用。

這次哆啦A夢拿出「任意溜冰鞋」，只要穿在腳上，無論到哪裡都像在地板一樣，就連牆壁或天花板都可以溜，真是太神奇了。

狀況來了：孩子平衡感不好

孩子平衡感很差，明明地板很平也會莫名其妙跌倒，真的很奇怪。為什麼就不能小心一點呢？

也許大家不知道，孩子的「平衡感」和「專注力」之間也有關係喔！孩子平衡感不好，不是因為膽小不敢嘗試，而是碰到了困難。

我們人體在維持平衡時，會需要視覺、腳踝、前庭這三個功能的彼此配合，其中一項出現問題，就會導致孩子容易跌倒。視覺與腳踝很容易理解，孩子看不清楚，自然就容易跌跌撞撞；腳踝沒有力量，常在地板拖著走就容易被絆倒。但前庭對一般人來說比較不熟悉，卻非常重要，也是孩子最常被誤會的原因。

前庭功能的感覺接受器藏在人體的內耳，包含三半規管、圓囊、橢圓囊。前庭接受器藉由察覺「加速度」的變化，以判斷出頭部在空間中的位置。當身體被晃動而歪斜時，大腦可以立即感知，並且通知特定的肌肉群做出反應，讓我們可以保持平衡。隨著孩子動作技巧增加，到了四歲開始挑戰更有難度的活動，像是盪鞦韆、腳踏車、獨木橋等，從中獲得大量前庭刺激經驗，幫助孩子平衡功能打好基礎。此時孩子的活動量大量增加，不斷想要出去嘗試與練習，因而不喜歡一直待在家裡。到了七歲時，孩子已經熟練所有前庭平衡技巧，活動量就會漸漸降低。

如果在四到七歲時，孩子的戶外活動經驗缺乏，整天窩在家裡，就可能因為前庭刺激經驗不足，導致平衡感較弱的情況。

給爸媽的話

孩子透過運用身體的過程，從活動中獲得大量回饋，逐漸學會熟練技巧。孩子小的時候，常常一看到路旁高起小平台就忍不住想站上去，假裝是獨木橋走來走去。這不是孩子頑皮，也不是無聊，而是兒童發展上必經的階段。

對於前庭刺激的過度敏感，就像大雄這樣，只要一點點移動感覺就會讓他手腳發軟，當然對很多事都會感到恐懼，也因此容易變得膽小，不敢嘗試，成為一直窩在家裡的宅男。

另一種相反的狀況是對於前庭刺激過於遲鈍，就會像胖虎一樣對超高速沒什麼感覺，這樣的孩子喜歡衝來衝去，體力旺盛且停不下來，因此個性變得容易激動又不顧危險，結果整天動來動去，只要不動人就不舒服。

不是孩子故意找麻煩、不聽話、不配合，而是孩子的需求剛好卡在大家不熟悉的地方。如果孩子對於前庭刺激過於敏感，就需要先降低孩子對於速度感的恐懼，例如透過盪鞦韆、彈跳床，讓孩子的大腦知道適度的速度變化是安全的，之後再讓孩子學習溜冰、滑雪這些速度感較高的活動，就會變得容易許多。

讓孩子獲得成功，孩子才會願意學習。就是這一點一點的成功累積，讓孩子有願意學習的動機喔！

跟著光光老師這樣做

孩子不是故意賴在家裡不動，也不會刻意不聽勸、一定要動來動去跑不停，而是受到前庭系統的影響，導致活動量與眾不同。如果孩子活動量過低時，我們可以透過訓練平衡感的活動幫助增加平衡技巧，孩子也就會漸漸回到正軌。

但是如果孩子的活動量過高，又需要做什麼幫助孩子呢？就讓我們用三個原則來試試吧！

一、增加動作技巧

由於對於前庭刺激的需求量較高，孩子往往會一直跑跳不停，希望可以獲得更多刺激。這種狀況下讓孩子去跑步，單單消耗孩子的體力，幫助並不大。人類跑步的時速大約只有十公里，對於這些尋求刺激的孩子們根本不夠，結果就算跑到暈了，大腦還是想要動不停。其實應該是要引導孩子學會更有效率的技巧，像是體操、直排輪、滑板等活動，來獲得需要的刺激感，這樣孩子才有更多時間可以靜下心來讀書。

二、規律運動習慣

我們通常吃一頓飯大約五個小時後肚子又會餓。前庭刺激也是一樣，一次大約可以持續四十八小時。大部分人一餐吃一碗就會飽，但是有些人就是需要吃三、五碗才滿足。你會和飯量大的孩子說，因為大家都吃一碗，所以你就只能吃一碗嗎？我想不會的。同樣的，對於前庭刺激需求量高的孩子，除了學校的體育課之外，我們還需要額外增加孩子的活動時間，讓他可以獲得足夠的刺激量，這樣才能幫助他在學校能安靜坐著。

三、避免沉迷電玩遊戲

在自然界中，只要身體快速移動，就會伴隨產生視覺刺激的變化。對大腦而言，視覺與前庭覺都是同時發生，這也就是孩子為何很容易沉迷在電玩遊戲的原因，特別是活動量高的孩子。當孩子在打電動時，藉由螢幕中快速變化的景物，讓孩子的大腦誤認為自己正在快速移動，所以也就特別專心。但是問題來了，孩子不論坐在電腦前多久，大腦卻無法獲得前庭刺激，因為大腦一直無法滿足，只好不停地打下去，直到爸媽生氣把電源關掉，孩子才能從中強制脫離出來。其實讓孩子運用身體多活動，獲得自然的感覺刺激，才是避免孩子迷戀電玩最好的方式喔！

給爸媽的小提示

平衡感不僅影響孩子的動作，更影響到孩子的社交。想想看，在體育課常常需要分組，如果孩子的動作不好，肯定是最後一個才被挑上，孩子又如何會有自信心，又怎麼會喜歡上學呢？

孩子的平衡感不好，不是等到長大就會變好，而是需要爸媽幫忙讓孩子多練習喔！

7 太吵了怎麼專心？

道具介紹 **環境螢幕**

「環境螢幕」真是一個好道具，在跟房間一樣大的螢幕上投射出各地的影像，不論你想去哪裡都可以，像是埃及金字塔、法國巴黎鐵塔，或是英國大笨鐘，而且還可以放大縮小。

大雄正要讀書，但是外面在施工太吵，害他不能專心。有了「環境螢幕」就可以坐在高山裡，看著白雲、聽著鳥叫聲來讀書了。只是好像太過舒服，大雄居然一下子就睡著了。

狀況來了：只要一點聲音就分心

明明周圍就很安靜，孩子還是會一直注意到其他聲音，才寫幾個字就分心。而且老是愛偷聽大人講話，都不能專心做好自己的事，真的會害爸媽氣到昏倒。為什麼孩子只要有一點點聲音就會分心呢？這並不是孩子的錯，而是孩子們的注意力特質與成人不同。

「注意力」和我們想像的不同，並不是由意識控制，而是腦部自動化的歷程。就讓我們從「外顯性注意力」和「內隱性注意力」的差別來說明。

如同你現在正在看書，你眼睛注視的是一個一個的文字，這就是「外顯性注意力」工作的內容。但是眼前一定不只有書，可能還有其他的物品，像是鉛筆、桌子、杯子等，這些事物則屬於「內隱性注意力」的工作內容。

想像一個情況，當你正認真看書，筆從桌上要滾下去時，你是不是可以立即作出反應把筆接住？我想一定可以，因為即使你眼睛沒有一直盯著筆看，但「內隱性注意力」一直在工作著，幫助你不停注意周邊的環境。

「內隱性注意力」很重要，與維持生存能力有關，就如同過馬路時，旁邊突然竄出一輛車子，雖然不一定可以意識到，但大腦會直接要求我們踩煞車，停下腳步。但也衍生一個小麻煩，只要有東西突然出現，就會導致分心。

「內隱性注意力」是由大腦前額葉所調控，前額葉的功能隨著時間逐漸發展，讓我們可以抑制環境中出現但不重要的刺激。由於前額葉需要到十四歲才完全成熟，所以孩子常常只要有新刺激出現，就會忍不住去「注意」到，當然就顯得容易分心。

孩子並非不認真，反而是他的大腦太認真工作，才容易分心。所以請不要一直質問孩子為什麼分心，因為這不是由意識所控制，所以他真的說不出自己原因啊！

給爸媽的話

孩子的專注力特質與我們不同，孩子的專注力更像是一個燈籠，專注於身邊所有的物品；成人的專注力比較像是一個手電筒，專注於眼前單一事物。幫孩子提供簡單而整潔的環境，比大人不停耳提面命的提醒還有效喔！

對於年紀越小的孩子，周邊環境的佈置會深深影響到孩子的注意力。但爸媽千萬不要誤會，並不是家徒四壁、什麼都沒有，孩子就會專心。雖然環境刺激過多，的確會讓孩子過度興奮而容易分心，但環境刺激過低時，孩子會覺得昏昏沈沈，容易打瞌睡。還是要依照孩子的特質，看他是屬於敏感型或遲鈍型，再來做適當的環境安排。

就讓我們來看下面的圖示：

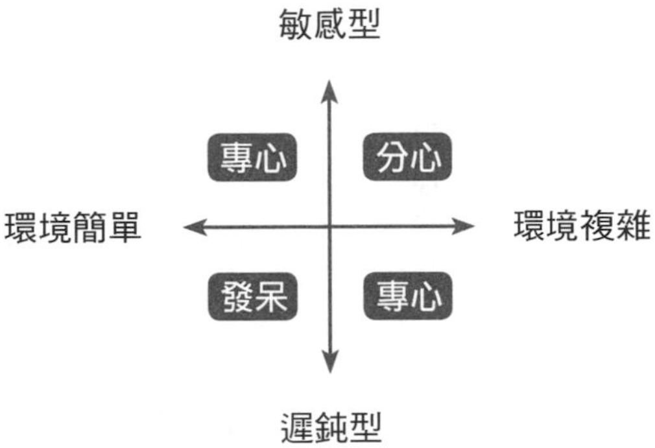

你發現了嗎？問題不在於環境簡單或複雜，而是孩子的特質。對一點小小刺激都很敏感的孩子，要求他在貼滿各式海報、作品的空間，旁邊還放一台電腦，根本是引誘他的大腦分心。相反地，對刺激感覺很遲鈍的孩子，把它放在一間純白的房間裡，只有一張桌子和椅子，只會讓他昏昏入睡。

這也是很多爸媽的疑惑，為什麼孩子在家裡和學校表現差異那麼大？因為我們常忽略環境對孩子注意力的影響。想想看，如果你把家裡佈置得像是一個電影院，只差沒有賣爆米花，孩子又如何能學會專心呢？

就讓我們收起抱怨，先從帶著孩子一起整理家裡，佈置一個良好的讀書環境開始做起吧！

跟著光光老師這樣做

孩子的大腦前額葉還在發展，也因此抑制功能尚未成熟。孩子都有尋求成就感的意圖，只是解決問題的技巧有限，當然需要爸媽的協助。

請記得「分心」是大腦機轉，不是孩子個性不好故意搗蛋。收起我們的焦慮，除了環境佈置之外，還有三個方式可以教導孩子的大腦學會專心：

一、增加感覺經驗

可能與爸媽想像的不同，國小並不是一個全然安靜的環境，尤其是在下課時間。你能想像五百個小朋友一起下課的情況嗎？如果孩子對於聽覺過於敏感，那可真是非常痛苦。在家中我們可以透過環境控制減少噪音對孩子的影響，卻不能改變學校。所以，也需要幫孩子增加聽各種聲音的經驗，讓孩子漸漸降低敏感度。不論是讓孩子學鋼琴、打擊樂、唱歌，都是很好的練習。

二、提供策略遊戲

孩子五歲以後就可以玩一些類似下棋的策略遊戲，一來培養孩子遵守規則的能力，二來促進孩子的思考能力。當我們需要思考步驟與策略時，就會誘發大腦前額葉的活化，達到增進孩子抑制能力的發展。孩子越喜歡思考，就越不容易分心。這裡要提醒爸媽，和孩子玩策略遊戲時，請不要過度認真，不要想著一定要贏過孩子。相反地，請先讓孩子贏一兩次，就是因為有成就感，孩子才願意持續練習。像是黑白棋、五子棋、象棋、圍棋都是不錯的選擇喔！

三、建立飲食習慣

現在的人水喝得越來越少，飲料卻越喝越多。其實我們喝的不是水，而是糖。相對於其他養分，糖類很容易吸收，但也讓腸胃變得越來越懶，甚至懶得消化。孩子大腦內的神經元，一開始就像是裸露的電線，傳遞速度很慢，需要在這些電線外面包覆一層絕緣體，才能加速神經傳遞的速度，而這個過程就稱「神經髓鞘化」。

這個絕緣體是以脂質來作為原料，所以如果孩子很偏食，特別愛吃甜食，也就可能會干擾到大腦發展的歷程。適當限制孩子糖類的攝取，建立健康的飲食習慣，是非常重要的。如果孩子很瘦又挑食，就可能需要額外補充DHA來協助孩子。

給爸媽的小提示

「分心」的原始機轉其實並不壞，主要有兩個功能：一、察覺新刺激：幫助察覺危險，讓人們可以避免危險的事物；二、讓大腦暫停：避免過度執著，讓人們可以減少心理上壓力。

分心是必要的，而不是瑕疵。孩子如果會分心，但是並不會干擾到學業與生活時，爸媽就請不要過度擔心。

8 一件事也做不好

道具介紹 注意力泡泡安全帽

大雄做事只有三分鐘熱度，老是做到一半就停下來，太沒有毅力了。哆啦A夢拿出可以增強注意力的「泡泡安全帽」。只要戴上它，不論外面發生什麼事情都不會知道，不管要持續多久都不會覺得累。但是有一個缺點，就是事情做完一定要記得請別人戳破泡泡，不然會一直做不停。

大雄幫所有朋友都裝了一個泡泡，卻忘記幫大家把泡泡戳破，結果所有朋友都太專心，忘記回家了。

狀況來了：做事老是三分鐘熱度

孩子就是沒辦法集中精神、用心做好一件事情。一下想看書、一下又想玩玩具，常常不到十分鐘就換一個東西。弄了好久卻一件事情也做不好，真的讓爸媽傷透腦筋。像孩子這樣不專心，到底有沒有問題呢？為什麼不能認真把事情做好呢？

對於爸媽而言，注意力就是時間長短，只要時間越久就越好。但專注力不是一件事，而是四種注意力的集合，就讓我們來一一認識吧！

「持續性注意力」是我們最熟悉的，指的是專心在一件事的持續時間長短。注意力維持時間與孩子的年齡有關，四歲時要能維持十到十五分鐘，七歲時要能維持三十到四十分鐘。

「選擇性注意力」是學校學習最需要的，指的是可以專心做一件事，隔離外在干擾。像是仔細聆聽老師講課，不去注意到走廊上有人聊天的聲音。

「分離性注意力」則是上班工作最需要的，讓注意力可以在兩件事情間轉換，是同時處理兩件事情的能力，不會被混淆。像是一邊在回答題目，一邊還可以聽到媽咪在叫他。

「參與性注意力」是幼兒最需要的，讓幼兒可以與別人共同專注於一件事。當別人微笑時，可以立即察覺，將注意力放在他人身上。這對於兩歲以前的孩子特別重要。

這四種注意力都很重要，並沒有高低的分別，而是要彼此平衡才能表現得最好。想想看，如果一個孩子「選擇性注意力」超好，非常認真在做事情，完全聽不到外面的聲音，爸媽在旁邊叫他七、八遍也一直沒反應，你覺得這樣好嗎？

因為每個孩子的注意力特質不同，請不要僅僅用「時間」來衡量孩子的專心度，而是要看到孩子的真實表現，再看用哪種引導的方式。

給爸媽的話

如果孩子的「選擇性注意力」比較好，大腦可以隔絕外在干擾，即使環境吵雜也可以專心讀書，但要和他說話時，就需要先拍拍他的肩膀，不然他有一半的機會聽不到。

倘若孩子的「分離性注意力」比較好，讀書時就喜歡偷聽旁邊的人說話，要他不去注意都很難，但當你一叫他的時候，立刻就可以反應，甚至還能對答如流。

每一個孩子有不同的專注力特質，學習策略也不相同。重點並不是孩子可以坐著不動多久，而是如何學習才會有效率。世界也不是如此嗎？就是因為每一個人都從事不同工作，透過精細的分工合作，才能有如此便利的生活。

如果每一個人都一樣，做的事情一樣，那一定有很多事情沒人做。請依照孩子的「專注力特質」，幫孩子安排打造符合孩子的學習策略，才是最重要的。不要一直執著於孩子可以專心多久，一直唸個不停，那只會讓孩子更加排斥學習。

如果現階段孩子只能專心十五分鐘，那麼一小時當中，我們就準備四個活動，讓孩子可以專心學習。讓孩子的大腦可以有休息和轉換的時間，學習也就會變得有效率。這又有什麼不好呢？

孩子不配合的原因，不是個性很拗，而是我們的建議對他不適合。孩子畢竟還小，自己能想到的策略不多，所以才更需要爸媽的協助。就讓我們幫孩子找到最適合的方式，讓孩子專心學習。

跟著光光老師這樣做

「注意力」就像是一個泡泡，把我們整個包覆起來，與外在環境的刺激做隔離。孩子容易分心，一下看東、一下看西，當然會影響學習。但是孩子過度專心，也不全然是好事，如果孩子無法察覺環境的危險訊號，會更容易發生危險。所以不是越專心就越好，而是要符合需求喔！

當孩子注意力不好，爸媽也不用太擔心，就讓我們來了解注意力要如何培養，帶著孩子一起來練習：

一、持續性注意力

孩子的玩具越多，換的頻率也越高，當然就很難長時間的專心。第一步驟，請先收起孩子的玩具，最多只留四件玩具，其他放入收納箱裡。透過減少玩具，也可以讓孩子降低分心的機會。此外，我們可以透過不同難度的迷宮、數字連連看等小遊戲來培養「持續性注意力」。

二、選擇性注意力

注意力的練習在生活中，而不是在紙筆上面，想想看當孩子在串珠珠時，要在一盒各種顏色的珠子中找到指定顏色的珠子，不也是注意力的一種練習嗎？讓孩子幫忙做家事、幫忙找東西，也是培養孩子注意力的方式。此外，我們還可以藉由「找不同」、「數字著色」、「刪除遊戲」（指在一張紙上有各種不同符號或圖形，要求孩子劃掉特定圖形，看孩子可不可以全部找出來而不會遺漏）等小遊戲來培養「選擇性注意力」。

三、分離性注意力

這點爸媽不用刻意練習，不然會很奇怪，好像是在教孩子如何分心。分離性注意力最常在玩扮家家酒中觀察到，孩子一邊假裝煮菜，一邊和同伴交談，在遊玩中逐漸地發展出來。訓練的方式很簡單，像是練習「聽寫」，讓孩子可以一邊用心聽，一邊趕快寫下來。此外，我們可以藉由「撿紅點」、「拉米數字牌」、「海軍棋」等小遊戲來培養「分離性注意力」。

給爸媽的小提示

小嬰兒只要看到人，就會反射性地微笑，藉以吸引爸媽的擁抱。不要以為小嬰兒什麼都不會，就讓他一直乖乖躺著，一直看天花板或是玩具。

請抱起小寶寶，看著他的眼睛，多和他說話，就是在培養孩子的「參與性注意力」。

學習篇

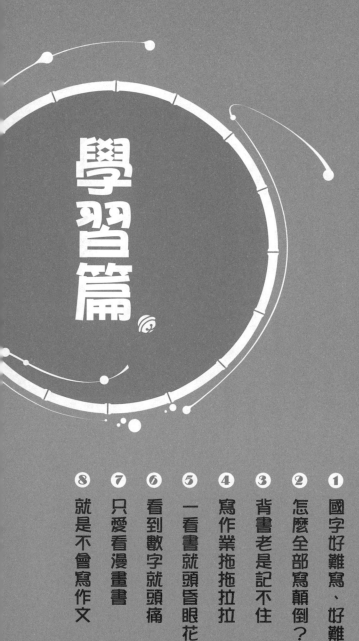

大雄並不笨

其實只是不擅長考試

究竟是出了什麼問題？為什麼大雄常常考零分呢？

大雄對「文字閱讀」很感冒，常常一打開課本看到密密麻麻的字就想睡覺。想想看，一個已經四年級的小男生，居然會寫出「12÷3 =7」這樣的算式，真是讓人不禁懷疑他的頭腦，再仔細看，原來大雄將「12」看成「21」，難怪會算出7這個答案。可是大雄自己不知道，老師也不知道，所以他越讀越沒信心，越學越缺乏動機。

大雄真的不聰明嗎？雖然看書讓大雄覺得頭痛，一大堆密密麻麻的文字更讓他頭昏眼花，但是充滿「想像力」與「創造力」的大雄，常熱衷於一些別人想都沒想過的事，像是研究地球的形成過程、創造出製造果汁的細菌等等，大雄都充滿動機，甚至到了不眠不休的地步，又怎麼能說他是懶惰的孩子呢？

大雄或許適合當一個「發明家」，卻不是一個「乖學生」，因為他的好奇心往往被認為是在找麻煩。學校教的內容他沒興趣，有興趣的事學校卻不教，他總是被困在這種情況中顯得進退兩難，甚至受到同學嘲笑。

從許多角度來看，大雄天馬行空的想像力才是他最大的天賦，但這卻不是學校教學所需要的，因為考試並不會考，這也讓大雄很難融入學校的生活，連他自己都不禁懷疑自己是不是不聰明，甚至喪失想要努力的動機。其實，大雄不是不聰明，只是不擅長考試而已。

在僵硬的學校系統中，大雄無法發揮出真實的天賦，只能在考試間掙扎著，直到對學習失去興趣，最後變得被動，完全沒有「動機」。在真實世界裡，也有許多孩子像大雄一樣，明明很聰明，卻被困在學校生活中。可惜他們身邊沒有哆啦Ａ夢可以商量與陪伴，協助他們渡過眼前的困境。

就讓我們來當孩子的哆啦Ａ夢，一步步了解孩子們在學習上可能碰到的問題，陪他們一起度過各種挑戰，並引導孩子適當練習與發展。我們需要做的不是批評與責備，而是給予支持與陪伴，引導孩子找到屬於自己的天賦和位置。

❶ 國字好難寫、好難記

道具介紹 劇本打火機

使用這個道具時，只要拿起筆，將想要對方配合的事詳細寫在紙上，對方就會如同演員般配合演出。哆啦A夢為了幫助大雄完成作業，拿出「劇本打火機」寫下「大雄坐在書桌前，拿出作業，開始寫」。

之後大雄想要演齣「英雄救美」的西部電影，非常努力地寫下劇本，放進「劇本打火機」，但大雄的語文能力太差，錯字連篇，連演員都搞不懂自己說了什麼，劇情到最後，靜香居然牽著狗走掉，實在太莫名其妙了。原來是因為大雄把「大」字寫成「犬」字啦。

狀況來了：國字老是記不住

孩子寫國字老是寫錯，明明學過的生字，才一下子就忘記。要他寫字，不是寫不出來，就是只會寫注音，或常常少一筆、漏一劃，錯誤百出。考試時更氣人，明明是練過好多次的簡單生字，就是不記得怎麼寫。究竟是孩子的記憶力出現問題，還是不認真呢？

寫字並不是畫圖，寫字有一定的「筆劃順序」，才能幫助記憶。如果孩子寫一個字，每一次筆順都不一樣，雖然認得那個字，但是要寫出來的時候就會出現困難，因為孩子並不是在寫字，而是在畫字。

在統計上，如果孩子有筆順困擾，遇到超過十一劃以上的字，就會出現記憶方面的困擾，導致無法有效率地學習。這主要是因為「動作記憶」有一定的長度。我們基本上一次可以記得大約七到九個步驟就算極限了，就像要學跳街舞，教練示範一個舞步，如果要馬上記得十個完全不同的動作，我想也很難立即記憶。

但是很神奇地，我們卻可以記得「帽」這個十二劃的字。其實，我們並非是一口氣記得十二個步驟，而是知道這是由幾個簡單的單字（巾、曰、目）依照順序組合起來的。正因為已經記得簡單字的正確筆順，組合起來就不會感到困難，所以即便二十幾劃的生字對我們來說也不難。

相反地，如果孩子沒有養成「按照筆順書寫」的好習慣，在小學一、二年級時還不會有困難，因為這時的生字筆劃少。一旦升上小學三、四年級，國字筆劃一下變多時，就會形成記憶上的困難，甚至導致學習上的困擾。

給爸媽的話

我們常常過度強調「寫字漂亮」，卻忽略了「筆順正確」。孩子常常在寫功課時拿著橡皮擦不停修修改改，只為了要讓字寫得端正，結果從來沒有一次完整地寫完一個字。雖然作業可以得到高分，但筆順卻一團亂。

想想看，當你不太記得一個字怎麼寫時，會做什麼事呢？是不是拿著筆在紙上快速寫一次？這就是透過「動作記憶」來喚醒你的記憶。同樣的，如果孩子寫一半就擦一下，每拿起一次橡皮擦，就是一次記憶干擾，孩子又如何能有效記住呢？

在幫助國字記憶不佳的孩子時，第一件事就是不要過度責罵，或認定他不認真。其實，這些孩子可能就是太認真，一心一意想寫好看，卻忘記要好好記住筆順。相反地，如果孩子總是寫得很醜、很快，但筆順正確，通常不會有記不得國字的問題。因為關鍵在「筆順」，而不是「美醜」。

當然並不是說回家作業可以隨便亂寫，只是提醒大家應該將「寫字漂亮」和「國字記憶」分開來練習。

如果希望孩子作業寫得端正，請先收起孩子的橡皮擦，不要讓他一直擦來擦去，這樣下筆前才會認真用心。等到孩子寫完後，再給予孩子橡皮擦訂正，這樣減少反覆修正的頻率，寫作業的效率自然會增加。

千萬不要想用「罰寫一百次」的方式糾正，卻不去關注筆劃的順序，這不僅對孩子沒有幫助，反而會讓他們更討厭學習。

如果只有反覆大量的練習，卻忽略執行的正確性，這樣不是在教導孩子，反倒是強化了他們的壞習慣。

跟著光光老師這樣做

寫出一個字，最重要的不只是記得「字形」，而是要記得「筆順」。透過腦海裡的「動作記憶」才能流暢地寫出一個個字。所以寫字越流暢，孩子也越容易記住。練習時不一定要拿筆，也可以用手指沾水彩寫字，減少對手指的負擔，更能讓孩子專注在記憶上。就如同我們小時候拿粉筆在地板寫字的經驗，這其實比寫在紙上更容易幫助記憶喔！

請帶著孩子在日常生活中練習，幫孩子安排「視覺區辨」、「空間配置」、「筆順原則」的活動，幫孩子在國字記憶上打好基礎。

一、**視覺區辨**

指的是察覺兩者之間細微差異的能力，特別是中文字有許多相似字，像是「大」和「犬」、「木」和「本」、「夕」和「歹」，都只有些微差異。當視覺區辨有困難時，常常因為無法察覺細微差異，搞不清楚錯在哪裡，讓學習變得越來越困難。

找不同遊戲：準備兩張相似的照片，當中有些許差異，看孩子可不可以找出來。市面上有許多「找不同」的遊戲書，可以讓孩子多多練習喔！當孩子已經熟練後，就可以使用國字來練習，讓孩子找出兩個相似字之間的差異。偷偷說一個小訣竅，讓孩子們彼此互相改作業，也是一種好的練習方式喔！

二、**空間配置**

中文字是一種堆疊的文字，只要將兩個以上簡單的字結合在一起，就會成為另一個字。就像「日和月」，就變成「明」；「女和子」，就變成「好」。通常一個複雜的字，也可以反過來切割成兩三個簡單的字，就像「憶」可以切割為「忄、立、曰、心」。只要先學會簡單的字，再透過空間配置，就可以輕輕鬆鬆學會一個難字。

七巧板：我們小時候都玩過的七巧板，就是最好的空間配置練習遊戲。玩法是將七個不同形狀的板子，透過排列、旋轉，組合成各種指定圖形。剛開始玩時，建議先選擇板子顏色都不同的七巧板，藉由顏色提示來幫助孩子，當孩子熟練後，再使用顏色相同的板子。

三、順序記憶

寫字必須要搭配筆順才能幫助記憶。如果順序記憶有困難，會導致孩子無法流暢地將腦海裡的字寫出來，當然就容易寫錯字。透過適當的遊戲，就能幫孩子將順序記憶能力打好基礎喔！

速成漫畫：將一個圖畫分割成幾個步驟，要求孩子依照步驟，畫出指定的圖案。例如：先畫一個正方形，在旁邊畫一個長方形，再畫上兩個圓形，就成為一輛小卡車。透過簡單圖畫的方式，讓孩子依照順序來執行動作，一來可以促進順序記憶，二來也可以培養空間配置的能力。隨著圖畫越來越複雜，漸漸增加需要記憶的步驟，讓孩子在遊戲中自然培養出寫字需要的能力！

給爸媽的小提示

孩子對國字的記憶效率不佳，老是寫錯字、生字記不牢，往往與我們想像的原因不一樣，這不是孩子不用心，而是卡在「筆順記憶」的問題，我們很容易因此錯怪了孩子。

多多鼓勵孩子在白板、黑板上盡可能快速寫字，寫得越流暢，就越能幫助孩子記憶國字喔！

❷ 怎麼全部寫顛倒？

道具介紹 鏡中世界

哆啦A夢的四次元口袋裡有個「能鑽進去的鏡子」，在「鏡中世界」一切東西都是左右顛倒存在，而且更奇妙的是，這個世界裡沒有任何一個人。

大雄鑽進「鏡中世界」，跑到功課最好的小杉家偷抄小杉的數學答案。隔天大雄自信滿滿交出作業想得到老師稱讚，沒想到老師反而大發脾氣，因為他寫的答案全部都是「顛倒」的。原來，「鏡中世界」的一切都左右顛倒，抄了好久的答案居然一題都沒抄對啊。

狀況來了：寫字左右顛倒

孩子寫字「左右顛倒」，總是將b寫成d、將p寫成q，就連數字也會寫成「鏡字」。最常見的是將6、7、9寫顛倒，真是讓爸媽很擔心。簡單的數字都會寫顛倒，寫更難的國字時，甚至會把左右部件交換，像是「陳」寫成「東阝」。之後造成孩子對於學認字缺乏自信，甚至感到抗拒。

其實，「左右顛倒」的狀況常出現在中班孩子身上，這是一個學習的過渡階段，大約到小一就會漸漸結束。主要是因為孩子無法分辨「圖案」與「符號」之間的差異，加上「左右定義」尚未完全熟練，出現了暫時性混淆。

「圖案」沒有方向性，而「符號」卻有固定的方向，所以「畫圖」沒有左右顛倒的問題，就像畫一隻小狗，小狗的頭朝右邊看是一隻狗，朝左邊看還是一隻狗。但是「寫字」可就不一樣了，2雖然很像天鵝，但是2的頭就一定要看左邊，看右邊就是寫錯了。

絕大多數的孩子在成長過程中，都會有暫時性寫字左右顛倒的情況，等到大約七歲時，對身體的「左右定義」加上「筆劃順序」發展好了，這狀況就會漸漸消失。孩子在大班時出現寫字左右顛倒的情況，請不要過度擔憂，而是應該幫助他們養成良好的寫字筆順。

我在臨床上也常遇到被強迫改變「慣用手」的孩子，他們有些在寫字時會出現「左右顛倒」的情形。這些天生左撇子的孩子硬被改成右撇子，很容易寫出「鏡字」，因為他們的大腦在思考時，習慣上依然是使用左手，但是實際動手時卻要改用右手寫字。慣用手的建立與培養非常重要，如果孩子在寫字時常常右手寫一寫又換左手寫一寫，就會像是被困在「鏡中世界」一樣，日後很容易出現寫字左右顛倒的情形。

因此，不建議強迫孩子改變慣用手，以免導致書寫時出現「左右顛倒」的問題，甚至影響孩子的學習效率。左撇子、右撇子一樣好，沒有說用哪隻手的比較優秀喔！

給爸媽的話

幫助孩子最好的方式，就是在孩子四歲之前養成固定的慣用手，不論孩子習慣使用左手或右手都沒有關係，只要有固定的慣用手，孩子就能輕鬆定義「左」和「右」，自然可以克服寫字左右顛倒的問題。

孩子和我們大人不一樣，對於動作記憶的方式不同。大人因為「左右區辨」已經非常成熟，在動作記憶時是使用「上下左右」的口訣。但是孩子對於左右的方向還不太熟悉，所以動作記憶時，是記「上下內外」。

我們大人在寫一個「下」字時，記憶的方式是：「從左到右、從上到下、從中間到右下」，所以不論是用左手或右手，同一個口訣都可以寫出標準的「下」字。

但是換成孩子的觀點來看，他們記憶「下」字的寫法是：「從內到外、從上到下、從中到外」，結果右手寫出一個「下」，但換了左手就會寫出一個「鏡字」。正因如此，如果孩子有反覆換手書寫的情況出現，左手記得、右手就寫錯；右手記得、左手就寫錯，換來換去就越錯越多，長期下來，就變得寫字左右顛倒了。

這不是孩子的大腦有問題，而是我們應該了解孩子在想什麼，才能給予最好的引導，而不是指責。在日常生活中，幫孩子培養出固定的慣用手，並且透過唱遊活動練習區辨左右，當基礎越扎實，孩子也會越快渡過「左右顛倒」的尷尬期。

跟著光光老師這樣做

幫助孩子最好的方式不是緊盯孩子、糾正他的錯誤。對於容易寫字顛倒的孩子，幫助他培養正確的運筆習慣才最有效。大量反覆的寫字練習，卻沒有養成從左到右的運筆習慣，那不是在「寫字」，而是在「畫字」，只會讓孩子感到更加挫折。請帶著孩子多多練習培養「左右區辨」、「空間形狀」、「運筆習慣」的活動，幫孩子打好基礎，就能順利解決寫字「左右顛倒」的問題。

一、左右區辨

透過唱遊活動讓孩子做動作模仿，從中練習分辨自己身體的左右。仔細觀察一下，當你說舉起右手時，孩子是舉起右手還是左手呢？透過遊戲，可以幫孩子建立良好的左右區辨能力喔！

健康操：讓孩子的右手碰左肩、左手碰右肩、右手碰左膝、左手碰右膝，持續反覆做十遍。藉由雙手跨越身體中線的活動，促進孩子雙側動作協調，讓慣用手的建立更穩固，也更能區辨身體的左邊和右邊。

二、空間形狀

透過積木、七巧板等仿作遊戲，鼓勵孩子跟著做出一模一樣的圖形。仔細觀察孩子做出來的圖案方向性是否正確？有沒有左右顛倒的情況呢？藉由遊戲的趣味性，讓孩子更願意多多練習喔！

七巧板：在購買七巧板時，請盡量找七片顏色不同的最好。透過顏色的提示，可以讓孩子更容易區辨，也比較容易成功。準備兩組一樣的七巧板，隨意拼出一個形狀，然後鼓勵孩子做出一模一樣的圖案。

三、運筆習慣

中文字的書寫必須依照從上到下、從左到右、先外再內的筆畫原則。當孩子開始拿筆練習寫字時，就讓孩子養成這樣的筆順習慣。此外，孩子都很喜歡走迷宮，請注意不要教孩子從「終點」往回走到「起點」，雖然這樣比較容易成功，卻容易讓孩子混淆順序喔！

大白板：準備一個大白板，白板寬度一定要比孩子雙手張開的距離大，讓孩子練習從最左邊劃一條長長的線到最右邊，連續畫三十條，每天練習。透過運用自己身體的肌肉，能更快掌握寫字。從身體對側的「左邊」開始下筆，就更容易建立運筆的概念喔！

給爸媽的小提示

大腦有左右兩半球，隨著大腦側化的過程，就會出現左右手動作靈巧度的差異，而出現「慣用手」。基本上，在八個月的嬰兒身上就可以觀察到比較傾向使用哪一隻手。當孩子有明確的慣用手，另一隻手會開始學習配合，才能促進雙側協調動作的發展。

③ 背書老是記不住

道具介紹 記憶吐司

哆啦A夢的道具中，「記憶吐司」應該讓人非常印象深刻，只要拿起「記憶吐司」蓋在課本上，就可以將課文複印下來。吃掉吐司就可以全部記住，根本是所有學生最想要的夢幻道具。

為了隔天的考試，大雄拿著記憶吐司將課本一頁頁印下來，然後再一片片吃下去。只要努力把麵包塞進嘴巴就能記住事情，隔天一定會考很好。結果他一口氣吃太多麵包，肚子痛到跑廁所，所有記得的東西又全部忘光了。

狀況來了：學校教的總是無法留在腦中

孩子老是記不住背書的內容，明明昨天才背過，考試前才複習過，為什麼一到考試就全部忘光？讀書一定要人陪，不然就拖拖拉拉，花了很多時間卻沒有效果。

是孩子不認真嗎？可是每天都讀書到十點多才去睡。倘若真的是記憶力有問題，為什麼生活裡的芝麻小事又都記得牢牢的呢？

這並不是孩子在搗蛋，而是孩子用錯方式學習。在閱讀歷程上，最小的單位不是「字」，而是「詞」，如果閱讀課文時是一個字、一個字地讀，往往會讀了老半天卻完全搞不懂字句的意思。雖然每個字都很熟悉，排在一起卻很陌生，越看越心虛，自然就記不得。

造成這個狀況，是因為錯誤的閱讀歷程「切斷」，比方說將底下這句話這樣斷句：

哆啦・A夢・從四・次元・口袋・裡拿・出記・憶麵・包。

正確的閱讀歷程應該要以「詞」為單位來「切斷」：

哆啦A夢・從・四次元口袋・裡・拿出・記憶麵包。

對這些孩子來說，閱讀就像是用電子翻譯機時不小心按到的中文發音，是一個字一個字分開來的聲音，唸了老半天卻很難讓人聽懂，結果就讓他們對閱讀越來越沒自信，覺得自己一定看不懂，也不容易記得內容。如果又碰到有不認識的

「字」，唸不出來就更頭痛了。雖然很努力地一個字、一個字「唸」完，卻好像讀了一篇密碼文一樣，什麼也搞不懂。

給爸媽的話

不是孩子不認真，也不是他們的眼睛有問題，其實問題是出在「耳朵」。這些孩子在「音韻察覺」方面效率不佳，無法建立「字」與「字」之間的關係，所以閱讀效率特別慢。這時如果有人可以幫他將文字「唸出來」，孩子就可以輕鬆了解文字內容，也就容易記住。這並非是孩子被動，一定要你在旁邊盯著才願意讀書，而是當你在旁邊陪著並幫他把題目唸出來的同時，也幫助他把「音韻切割」的工作做好了。

相反地，倘若緊盯著孩子，非常嚴格地要求他一個字、一個字看清楚，反而讓孩子養成了錯誤的閱讀策略，這樣就算花三、四倍的時間也得不到效果，甚至讓孩子覺得挫折，更不願意讀書。

這樣的孩子在考試時，常常必須「唸」出聲音，才能「看」懂文章內容，但是偏偏在學校裡考試都不能發出聲音，導致他們在考試時出現困擾，漸漸跟不上大家學習的腳步。

透過閱讀與朗讀，增加孩子的音韻察覺與詞彙量，才是幫助孩子的關鍵。想想看我們在小一時，最常在教室裡做什麼呢？不就是老師帶著大家一起朗讀嗎？但是現在的孩子在學校朗讀的時間明顯減少了，因此爸媽的角色就變得更加重要。

請帶著孩子大聲朗讀，幫孩子將「眼睛」與「耳朵」連結起來，隨著詞彙量的增加，孩子自然會漸漸克服學習的恐懼，重新找回閱讀時的樂趣。

跟著光光老師這樣做

幫助孩子最好的方式，不是要求他一直努力而已，而是要培養出正確的「策略」。可以多多鼓勵孩子大聲朗讀，陪著孩子一起唸，並且讓他模仿你的語調，唸出高低起伏。透過如同唱歌般的朗讀方式，就是在幫助孩子練習「斷句」與「音韻」，自然而然能夠漸漸掌握「音韻切割」的技巧，也就可以掌握正確的「閱讀策略」。請帶著孩子透過以下練習培養「音韻區辨」、「聽覺記憶」、「詞彙概念」的能力：

一、音韻區辨

唱唸童謠可以幫助孩子熟悉聲音中的「起伏」，感覺音樂的節奏。仔細觀察一下，孩子是否可以跟著旋律適時抬高或壓低音調？唱歌就是孩子最好的「音韻」練習，所以當孩子開心唱歌時，不要一直叫他安靜喔！

我是大明星：準備一支玩具麥克風，加上一套漂亮的衣服，透過扮演歌手的遊戲增加孩子信心，孩子更敢大聲唱出聲音。在歌曲選擇上，建議找有押韻、音調起伏明顯的兒歌，練習效果比較好。

二、聽覺記憶

透過團體遊戲帶著孩子練習句子覆誦，增加孩子的聽覺記憶。記得有一個媽媽聽完我的建議後，立刻帶孩子報名鋼琴課，回來追蹤時，她說孩子進步了好多！因為孩子在樂器學習、唱歌的過程中，正在大量練習聽覺記憶。

請你跟我這樣說：找三、四個人一起玩。每個人可以在0到9中隨便選一個數字。玩的時候，先記得前面人說的數字，再新加上一個數字，所以需要記得的數字會變得越來越多，看看誰可以記得最多的數字就是贏家。例如甲乙丙三個人玩時，甲說：「二。」乙接著說：「二、八。」丙接下去說：「二、八、三。」甲再說：「二、八、三、四。」以此類推。

三、詞彙概念

透過剪剪貼貼做卡片，讓孩子在遊戲中學會「詞」的概念，藉此引導孩子正確的閱讀策略。仔細觀察一下，當你說把「早餐」剪下來時，孩子會不會剪下正確的「早餐」兩個字？透過運用手指做勞作，更能增加孩子的學習動機。

神祕卡片：事先準備一些舊的兒童雜誌、廣告宣傳單，還有一張A5大小的卡紙。爸媽先唸出廣告上的句子，請孩子剪下句子中的一個「詞」。把剪下來的「詞」都收集起來，和孩子討論出一個有趣的句子，再用膠水貼在卡紙上，就變成一張漂亮的卡片。

給爸媽的小提示

孩子如果出現閱讀效率不佳的現象，以至於不喜歡看書和讀書，其根本原因有時與我們想像的不一樣，並不是「視覺知覺」方面的問題，而是「聽覺知覺」造成的。可以多多鼓勵孩子唱歌、唸童謠、朗讀，一定會有幫助喔！

❹ 寫作業拖拖拉拉

道具介紹 如果電話亭

拿起「如果電話亭」裡的話筒，說出你假想的事，掛上電話後，就可以立即實現，真是比拜媽祖還要靈驗。

大雄的運動神經雖然不發達，但是他擁有一雙超級靈巧的雙手，可以用無比的創造力做出各式各樣的翻繩花樣，是不折不扣的「翻繩大師」，可是除了他以外，沒有人對這點感興趣。大雄拿起「如果電話亭」許下願望：「希望來到一個翻繩遊戲大流行的世界。」

狀況來了：無法專心寫作業

孩子寫作業老是拖拖拉拉，明明只有幾行字也可以寫上一、兩個小時。專心不到十幾分鐘就開始玩橡皮擦，或發呆想事情。明明沒寫幾個字，卻一直抱怨手很痠，一定要有大人在旁邊盯著，才會心不甘、情不願地寫，真是快把爸媽逼瘋了。

可能有人會說，大雄的手指不是很靈巧嗎？如果那麼不愛寫作業，一定是因為太懶惰了，要好好教訓他一頓才行！其實，我們大人常有一個「錯覺」，認為手指靈巧就代表寫字可以快又好，事實上並非如此。

寫字最重要的不是手指的靈巧度，而是手腕的穩定度。手腕就像吊車的「固定錨」一樣，在伸長吊臂之前，一定要先讓自己保持穩定，不然東西還沒吊起來，就先翻車了。

在拿筆寫字時，手腕必須微微抬起十五度，手指的肌腱剛好在最有效率的長度，寫字當然輕鬆又容易。相反地，如果孩子的手腕穩定度不佳，寫字時就會出現手腕過度彎曲的姿勢，結果變得寫字費力，寫一下就會痠痛，讓他更不願意寫字。

孩子也不知道為什麼別人可以寫好久，自己卻不行。就像我們大人一樣，孩子即使很努力，拚命練習寫字，寫到手都抽筋了，卻一直在練習「手指」的力量，但「手腕」沒有任何改變，始終在原地踏步。正因為放錯重點，結果越努力越讓孩子挫折，並且對寫字感到興趣缺缺。

孩子不會故意找麻煩，或是不配合寫作業，只是孩子搞不懂問題在哪裡，他只知道自己不舒服。越是責罵，孩子就越沒自信，最後失去動機，變得拖到最後一刻才願意動筆。

給爸媽的話

在臨床上，我們如果觀察到孩子在寫字時會整個人趴在桌上，並使用「手腕倒鉤」的姿勢，往往就是手腕耐力不佳的表現。這個姿勢往往會導致兩個次發問題的出現：

一、**握筆過度用力**

由於手指肌肉無法有效收縮，導致需要花費比別人多兩、三倍的力量，才能握穩自己手上的鉛筆，當然肌肉更容易感到痠痛，甚至有快抽筋的感覺，也容易感到疲累。

二、**字體忽大忽小**

由於手部移動時，手腕就跟著晃動，一下子彎曲、一下子伸直，導致字體忽大忽小，寫起來就不好看，甚至出現字體歪斜的情況，往往千辛萬苦寫完的作業，才交出去就被老師打個大叉叉。

在小學三年級前，孩子可以憑藉毅力和努力完成工作，來達到爸媽和老師的要求，但是進入小學四年級，也就是大雄的年齡時，努力只會碰到瓶頸。當孩子每天努力到晚上十一點，卻常常無法完成作業，嚴重打擊了孩子的自信心，使孩子變得越來越被動。

在協助孩子時，請不要說風涼話，不要將「你就是慢吞吞」這類的話掛在嘴邊，也不要抱怨孩子愛偷懶。相反地，我們應該學會不要執著於一口氣寫完，引導他每寫十五分鐘就唸課文一遍，透過這種寫一下、暫時休息一下的策略，讓孩子的手部肌肉有機會放鬆。採用「間隔式書寫」策略，讓孩子更願意寫字。

跟著光光老師這樣做

我們不是要幫孩子準備一個「逃離書寫」的世界，更不是強迫孩子拚命努力就好，而是要幫他們找出解決問題的方法。只要讓孩子變更「厲害」，孩子自然就不會逃避寫字了。

讓我們從以下三個方向來幫助孩子克服寫字慢吞吞的問題：

一、手腕穩定度

不論是拍球、擰毛巾，都需要手腕的力量，但是因為太簡單就常被大人忽略。透過在牆壁上畫圖、擦玻璃等垂直平面的動作，都可以增進手腕的穩定度。現在的孩子太常坐在桌子前面，反而失去使用手腕的機會。

小小園藝家：帶孩子去挑選一個小盆栽，再準備一個噴水壺，鼓勵孩子每天固定時間澆花。藉由按壓噴水壺這個張開、握緊的動作，可以促進孩子的手部握力與手腕穩定度。請記得剛開始練習時，噴水壺裡的水只要裝三分之一就好，不然太重了，孩子會不願意練習喔！等到可以連續按壓三十次後，再多裝一點水讓罐子重一點喔！

二、拇指靈巧度

當我們在運筆時，特別是「橫劃」，更需要拇指動作的協助。如果孩子的拇指動作幅度較少，就會將直線寫成曲線，讓字變得歪歪斜斜，怎麼寫也不會好看。最常見的拇指靈巧練習就是用剪刀剪紙，所以在進入國小前，孩子一定要能純熟地操作剪刀喔！

大拇指摔角：兩個人伸出右手，將四指互扣，只剩下大拇指可以靈活動作。

當裁判說開始時，就想辦法用自己的拇指壓住對方的拇指。只要成功將對方的拇指壓制住三秒，就是贏家。在遊戲前，可以用彩色筆幫孩子在大拇指上畫摔角手的表情，會更有趣喔！

三、指尖肌肉力量

握筆時需要用拇指與食指捏住筆桿，才能有效運用鉛筆。如果食指指尖的力量不足，運筆就會晃來晃去，字寫起來就像毛毛蟲。孩子常常使用奇怪的握筆姿勢，寫字的效率當然就不好。

綠豆冰棒：先煮好一鍋綠豆湯，並準備一包做冰棒用的小夾鏈袋。等綠豆湯放涼後，分裝進小夾鏈袋中，裝到八分滿，請小朋友用拇指與食指的力量將袋口封緊。一開始可以讓孩子先裝清水練習兩、三次，爸媽則幫忙確定袋口是否有封緊，這樣製作冰棒比較容易成功。這個動作我們在小時候經常練習，難怪寫字都不太會有問題，不是嗎？

給爸媽的小提示

孩子寫字效率不佳，不喜歡寫功課，通常不是「手指靈巧度」有問題，而是「手腕穩定度」不夠。這時可以多多鼓勵孩子拍球、擦玻璃、擦黑板，這比讓孩子拚命練習寫字更有效喔！

5 一看書就頭昏眼花

道具介紹 **書之味素**

大雄不喜歡看書嗎？按照大雄自己的說法是：只要一拿到書就會發暈，一打開就覺得要發燒了，然後眼冒金星、唉聲嘆氣，只要看個兩、三頁就會昏倒……

沒關係！哆啦Ａ夢的道具中，「書之味素」應該可以幫上忙。只要將「書之味素」撒在書本上，立即把書本變有趣，即使電話簿也能讓人看得津津有味。

狀況來了：碰到書就發呆、不想看

孩子對閱讀沒興趣，一看到書就眼花，常常看一下就跑掉，一點耐心也沒有。一摸到書只會發呆，爸媽只能壓著他看，真是氣死人！好不容易願意看，不是趴著就是躺著，沒辦法乖乖坐好看，說了幾百遍也沒用。為什麼孩子就是對看書沒興趣呢？難道是在偷懶嗎？

孩子在閱讀時，除了要有良好的「視力」之外，更需要「視野穩定」。只是「視野穩定」這名詞很少人聽過，十個大人中可能有八個都不知道，其實這些不愛閱讀的孩子，是受到生理上的干擾，而不是愛偷懶的關係。

對我們而言，看東西是再自然不過的事，完全不需要思考，眼睛張開就可以看，所以很難想像「視野穩定」不佳的孩子是什麼感覺。你可以試著想像透過攝影鏡頭讀書的樣子，結果手不小心晃一下，整個螢幕也跟著晃來晃去，就像暈船一樣，不想吐都很奇怪了，又怎麼能好好讀書呢？如果孩子的「視野穩定」不佳，你覺得孩子會喜歡讀圖畫書，還是一大堆字的書呢？

「視野穩定」是由「前庭視覺回饋反射」來控制的。在人體內耳中的前庭系統，負責察覺頭部在空間轉動的角度，並將訊息傳遞給小腦判讀，再將神經訊息傳遞給眼球周邊肌肉，讓眼睛可以做反向轉動。正因如此，當你頭往右轉時，眼球會自動左轉，以保持視野穩定的功能。這是一種立即而自動化的過程，並不會被我們的大腦察覺，也因此不是由意識控制的。

其實我真的超喜歡大雄那一段「自述」，講得太貼切了，根本就講出了這些孩子的心聲。他們也搞不懂為什麼自己會不喜歡讀書，而且還會讓他們頭昏眼花。

給爸媽的話

孩子都希望得到爸媽的讚美，也希望自己可以認真看書，但是因為生理上的困擾，導致看書變成一件苦差事。這些可愛的孩子們常會發展出三種「代替技巧」來讀書，也就是「一趴、二問、三撐頭」。很不巧地，他們覺得超好的方式，每一種都會惹毛爸媽，結果又換來一頓責罵。

如果仔細分析一下孩子這三種行為，其實還滿合理的：

一、趴：喜歡趴在地板上，或躺在床上看書。

只要頭部不經意晃動，整個視野也會晃動，所以將頭部固定不動，就能解決問題。當趴著時，要將頭部抬高，頸部肌肉群需要一起用力，就能將頭部固定住不會晃動；躺著時就更加輕鬆，可以靠著枕頭支撐來避免頭部晃動。這兩個方式都能讓孩子看書變得較不吃力。

二、問：才看不到幾分鐘，就不停問問題。

看書會晃來晃去，當然不容易專心，常看到一半就覺得有點怪，所以問題也特別多。孩子不是在找麻煩，而是對內容特別有興趣，但自己又無法搞懂，只好一直問問題。

三、**撐頭：坐在桌子前面讀書，一定要用手撐著頭，一副懶洋洋的樣子。**

當要乖乖坐在桌子前，為了避免不經意晃動頭部，最簡單的方式就是用一隻手托住下巴。這時孩子常會在讀書時出現用手撐頭的姿勢，外在表現看起來就會無精打采，但如果以視野穩定來說，這樣反而是最佳狀態。相反地，如果孩子很聽話乖乖坐正，反而更不容易專心閱讀。

跟著光光老師這樣做

你可能不知道，大雄不是不喜歡「書」，而是恐懼「閱讀」，最好的例子就是漫畫中講到「人體書帽」道具這篇。只要將這頂帽子戴上，就可以把曾經看過的書唸出來給別人聽。大雄請出木杉帶著「人體書帽」唸經典文學給他聽，結果一聽聽了整個下午。

隨著科技進步，我們每個人都可以當孩子的哆啦A夢，透過網路、APP中的許多有聲書，先讓孩子感到興趣，再來培養孩子的基本能力，漸漸燃起他們的閱讀慾望。

對於「視野穩定」不佳的孩子，我們可以從「眼球動作」、「前庭回饋」、「抄寫技巧」這幾個關鍵來幫孩子打基礎：

一、眼球動作

眼球是由六條肌肉控制，如果肌肉動作卡卡的，當然無法順利執行小腦傳來的指令，導致視野穩定度受干擾。在練習上，最簡單的方式就是透過球類活動訓練孩子的手眼協調能力，讓孩子熟練控制眼球動作，才能專心閱讀喔！

彈跳網球：準備一顆網球，跟孩子玩丟接球，記得要先彈地板一下，再讓孩子接住。透過丟接網球的動作，促進孩子的手眼協調，一天練習一次，一次三十下。如果孩子接不到，可以先選擇八吋大的小皮球讓孩子先練習。

二、前庭回饋

前庭系統在人體內耳，用於察覺頭部在空間中移動的位置。暈車就是由於視覺與前庭覺相互衝突導致的不舒適感覺。有些孩子因為前庭刺激經驗不足，導致大腦無法準確察覺頭部移動位置，因此產生視野穩定不佳的情形。這時加強孩子對前庭感覺的經驗，提升大腦對於頭部轉動的察覺能力，就能改善視野穩定度。

左右接球：這遊戲需要爸媽一起參與，一人各拿十顆球，分別站在孩子左右兩側。兩人輪流將手上的小球丟給孩子，讓孩子左右轉動身體，依序接住小球，看看孩子可以接住幾顆。記得在遊戲前先跟孩子說好，如果球掉了不用去撿。當孩子熟練後，就可以逐漸加快速度，增加遊戲的挑戰性。

三、左右抄寫

頭部轉動時，還必須維持視野穩定，孩子才能有效率地學習。這不僅僅是閱讀的時候需要，在抄寫活動中也非常重要。孩子抄寫得很慢，不是因為分心，而是頭一轉動，眼睛就找不到東西。我們可以運用抄寫遊戲來讓孩子多多練習喔！

抄抄寫寫：準備兩張畫有六乘六格子的紙張，一張爸媽先隨意填上數字，另一張保持空白讓孩子準備抄寫。如果孩子是使用右手，將「填好的紙張」放左側，右側放一張「抄寫的紙張」。拿出計時器，要孩子盡可能抄快一點，如果寫錯一格加三秒，看看是不是可以越寫越快，越抄越正確。孩子練習需要時間，通常需要每天練，持續兩週後才會有進步，所以爸媽一開始不要太心急，一直去糾正孩子喔！

給爸媽的小提示

不建議讓孩子一直使用「代替技巧」，不然肯定會導致視力問題，到時又有更多的麻煩。請記得「視野穩定」是一種自動化的歷程，不被大腦意識所察覺，所以不是拚命要求孩子努力，而是透過運動與活動，幫孩子培養出良好的能力。

這些孩子有時也會伴隨出現「手眼協調」的困擾，可能會有更多狀況或問題，這時就可以參考「專注篇」（十五至六十六頁）的內容，才能給予更全面的協助喔！

6 看到數字就頭痛

道具介紹 電腦鉛筆

哆啦A夢的道具中，在學習上最令人印象深刻的就是「電腦鉛筆」。這枝筆外觀跟一般鉛筆差不多，只是上面多一個六角形的超級迷你電腦。只要使用它，就可以透過電腦自動化分析題目，得到正確答案。

大雄一看到數學作業就頭痛，常常拿出數學作業放了老半天，卻一題也寫不出來。想到隔天的考試，究竟要不要拿出「電腦鉛筆」呢？明明知道用了可以考一百分，但這樣不是作弊嗎？為什麼大雄這麼討厭數學呢？

狀況來了：數學老是學不好

孩子對數學超級沒興趣，只要一看到數學就發呆。明明考試前複習都正確，不曉得為什麼只要碰到考試就失常。連很簡單的題目都會計算錯誤；好不容易算出答案，只要抄下來就可以，居然還會抄錯，真是氣人！究竟是孩子不認真，還是太過粗心呢？

當孩子數學不好時，首先要分辨孩子是卡在「計算題」或「應用題」，因為兩者需要具備不同的能力，不能混在一起討論，不然會讓孩子感到更加挫折。

如果是卡在「計算題」上，常會出現寫字潦草、對位歪斜、左右顛倒、九九乘法表不熟悉等狀況。由於受到這些小問題的干擾，在題目少時還可以應付，一旦題目變多，就會一整個眼花撩亂、搞不清楚狀況，當然考試就沒有好成績了。

如果是卡在「應用題」上，常會出現跳字漏行、省略單位詞、閱讀效率弱的情形。由於對題意理解有困難，常常相同的題目只要「換句話說」，孩子大腦就陷入當機，考試自然表現不佳。特別是到了三、四年級需要大量「兩階段解題」時，孩子瞬間陷入困難，導致數學成績一落千丈。

如果同時卡到上述兩個問題，就會出現討厭數學的情況。孩子並非不會算，而是不想算。因為即使很努力地計算，最後也會錯一大堆，當然就越來越沒自信，而引起心理上的抗拒。時間一長，孩子就變成「逃避」數學，接著越來越跟不上學校進度。

孩子需要的不是口頭上的鼓勵，而是協助他找到真正的問題，一個一個解決。

只要解決了問題，孩子自然會對數學重拾興趣。

給爸媽的話

「計算」最重要的就是熟練，練習到不需要思考，反射性地直接寫出答案。我們常常習慣於給予孩子大量練習題，希望透過「熟練」讓成績進步，但是，這樣問題其實只處理了一半。

我們雖然很重視國字書寫的美觀，卻常忽略數字書寫的正確性。在臨床上，許多在數學學習有困擾的孩子是卡在「字跡潦草」上，像是「0和6」、「4和9」、「6和8」寫得不易辨識，結果常常不驗算還好，越驗算越可怕。

在橫式計算時，這不是大問題，但一轉到直式計算就問題大條了。本來數字就不容易辨識，加上寫字歪歪斜斜，在計算對位時常會百位數對到十位數，當然就很容易粗心大意地寫錯。就算努力練習，但是沒有將根本的問題解決，孩子只會不斷感到挫折。此時，最好的方式就是給予孩子方格紙，讓孩子在格子中填寫數字，養成數字對位與數字端正的習慣，才能真正的幫助孩子。

當排除計算的困擾之後，才可以進入第二個部分，也就是「應用題」。絕大多數孩子是因為閱讀效率不佳，看題目時跳字漏行，雖然可以快速閱讀，但是遇到需要仔細看清楚的數學題目，就常常會出現問題。像是「小明和小華各有多少」、「小明和小華共有多少」，基本上只差一個字，但是答案卻南轅北轍。

當孩子遇到看不懂題目的情形時，如果爸媽在一旁唸題目給孩子聽，孩子往往可以馬上心領神會，做出正確解答。所以最需要鼓勵孩子做的，不是反覆練習計算，而是大量練習「朗讀」題目，讓孩子學會自己快速而正確地唸完題目喔！

跟著光光老師這樣做

你可能不知道，大雄曾經在一次數學考試拿過「滿分」喔，而且還是很難的「分數」計算題呢！沒想到大家都不相信，大雄只好一直要哆啦A夢想辦法幫他宣傳。由這段故事可以知道，大雄數學成績不好，最重要的原因可能不是卡在「計算題」，而是卡在「應用題」上。再加上他平常字就寫得醜，數字對位又有問題，這些多重影響導致大雄明明二年級時數學還不錯，一到三年級就卡住，到了四年級乾脆放棄。

當孩子數學卡住時，必須從「字體端正」、「直式對位」、「單位概念」、「圖示能力」四個方向來處理，才能幫孩子重新找回自信心。

一、字體端正

數字也有一定的書寫方式，不然一寫快就會難以辨識，例如把0寫成6，這樣計算就會常出錯。把數字寫好看，讓字容易辨認，是數學好不好的關鍵之一，一定要從小養成好習慣喔！

賓果遊戲：相信這是大家都玩過的遊戲，只要準備好紙張和筆，找到三、四個人就可以一起玩了。只是這裡有一點要特別注意，因為我們的重點是讓孩子練習寫數字的準確性，所以一定要讓孩子自己填寫數字。

二、直式對位

十位數要對齊十位數、個位數要對齊個位數，這是數學計算的基本。但是如果孩子寫字時手腕無力，出現不由自主歪斜時，要他把數字排列整齊就會變得很困難，當然計算就很容易出錯。所以除了透過遊戲練習對位，還要記得從根本培養手腕的穩定度。

誰是最後的：拿一張紙，要求孩子一排畫五個圈圈，連續畫五排，共二十五個圈圈。要注意圈圈必須橫排、直排皆對位整齊。兩個人輪流，一次以一條線刪掉一到五個圓圈，線條可以是直線或斜線，但是不可以轉彎。兩個人輪流刪掉，看誰刪到最後一個，就輸了。

三、單位概念

數學不只是「數字」，更需要看「單位」，但是有些孩子常常忽略掉單位的重要性，在看題目時大腦直接跳過單位，眼中只看到數字，結果就是搞不懂加減乘除。數學計算必須符合「同單位相加減；不同單位相乘除」的原則，就像提到蘋果五個、三盒，絕對不可能出現「五加三等於八」的算式不是嗎？在臨床上，許多數學卡住的孩子就是沒有「單位詞」的概念。

找出單位詞：準備十題數學應用題，要求孩子仔細看，並將題目中出現的「單位詞」圈起來，例如：箱、盒、顆、人……等。如果有大小關聯性，請孩子寫下從最大的單位排列下來，例如：箱＞盒＞顆。請不要順便要求孩子算數學，那就會變成工作而不是遊戲嘍！

四、圖示能力

要理解數學題目，最方便的方式就是轉成「圖示」。例如「五根電線桿，各距離四公尺，請問五根電線桿距離多遠？」這題目用口語解釋有點複雜，只要一畫出來就清楚明白。但是如果孩子卡住的是無法將題目轉換為圖示，理解題目就會比較慢。與其讓孩子死背，拚命做考古題，倒不如抽空培養他們圖示表達的能力。

猜猜畫畫：先準備一疊A6大小的紙張，負責畫圖的人可以選擇一個物品或成語先畫在紙上，再讓別人猜猜正確答案。如果可以讓越多人猜對，得分就越高。輪流玩十次後統計分數，看看最後誰的分數最高就是贏家。

給爸媽的小提示

沒有數學不好的孩子，只有沒興趣的孩子。數學不只是計算，所以不是大量反覆練習就可以讓孩子變厲害。許多孩子是卡在「閱讀理解」上，明明已經會的題目，只要換句話說就看不懂。這時我們應該要增加孩子的閱讀量，先提升閱讀理解的策略，數學能力就會漸漸提升。

7 只愛看漫畫書

道具介紹 未來圖書券

哆啦A夢為了讓大雄喜歡閱讀，拿出「未來圖書券」，想訂購一些未來的立體投影書讓大雄喜歡看書。只要在「未來圖書券」上寫下想要的書名、姓名與住址後，再丟入郵筒，過一下子就會從未來寄書過來。

結果大雄沒有買書來看，而是使用「未來圖書券」買還沒上市的漫畫，真是把哆啦A夢打敗了。為什麼大雄會那麼愛看漫畫？為什麼同樣的故事變成文字，大雄卻又完全沒興趣了呢？

狀況來了：不愛看書，只看漫畫

孩子不喜歡看書，老是想看漫畫，究竟是什麼原因呢？常常一本書看完，也狀似認真地看著，但是問他內容是什麼又答不出來？到底孩子看書有沒有看進去？不然為什麼常常一問三不知？這樣實在是讓爸媽很困擾，到底應該如何幫助孩子？

或許，這個問題出在對「代名詞」的理解上。

「代名詞」是一個非常方便的工具，只要說「你我他」就可以節省很多字。舉例來說，「一位年輕的國王說」，這句話我們可以省略地用「他說」來替代，真是方便又省事。我們一般說話的時候，代名詞卻不是非常重要，甚至常常被省略，就像「你吃飽了沒」，我們常會說「吃飽了沒」，「你」就被省略了。所以，如果孩子卡在代名詞的理解上，在日常對話中往往不會有困擾，甚至可以對答如流，可是一到打開書本時，就會眼花撩亂、搞不清楚。

特別是同一個人物隨著劇情變化，「代名詞」也會變化。舉例來說，有一位國王，他對公主說：「你是我最乖的女兒。」如果從代名詞來看，這裡的「他」確實是國王，「我」也是國王，那「你」是指誰呢？不就是公主嗎？當孩子理解「代名詞」有困難時，會搞不懂誰是誰，又哪裡可以看懂故事呢？往往看了老半天，不但沒看清楚內容，反而被搞得一團亂，又怎麼會覺得內容好看呢？

漫畫就簡單多了，反正說話的人一定會被「畫」出來，還會有一個框框指出是誰說的話，就不需要去想「代名詞」指的是誰，閱讀變得簡單許多。所以不是孩子沒鬥志，只喜歡看些沒意義的書，而是孩子卡住了，但是大家都不知道而已。

給爸媽的話

「代名詞」非常重要，卻又常被忽略，因為這對我們大人而言，或許像呼吸一樣不需思考就能輕鬆做到。當孩子出現「代名詞」混淆時，常常會被認定是不認真，不但沒有人幫助他，反而被一堆人數落。

代名詞混淆的孩子，最常使用的閱讀策略是「省略法」，也就是直接忽略掉代名詞。例如：

一位國王，他對公主說：「你是我最乖的女兒。」

他會讀成：

一位國王，對公主說：「是最乖的女兒。」

當文章的角色人數少時，確實還看得懂，但只要角色一多，就會一團混亂。讓我們再舉一個例子來看看：

農夫見到國王，回家後對太太說：「他是我最尊敬的人。」

他會讀成：

農夫見到國王，回家後對太太說：「最尊敬的人。」

請問農夫最尊敬的人是誰呢？原文指的是國王，改寫後卻變成太太，當然也就看不懂文章在說什麼了。這也是孩子特別愛看卡通、漫畫的原因，因為再也不用為代名詞傷腦筋。

在協助有這問題的孩子時，會運用「零代詞策略」，也就是將文章的所有「代名詞」，都幫孩子替換成「主詞」，讓孩子可以輕輕鬆鬆理解文章。例如：

一位國王，他對公主說：「你是我最乖的女兒。」

可以幫孩子改寫成：

一位國王，國王對公主說：「公主是國王最乖的女兒。」

另一個例子：

農夫見到國王，回家後對太太說：「他是我最尊敬的人。」

可以改寫成：

農夫見到國王，回家後對太太說：「國王是農夫最尊敬的人。」

透過讓所有代名詞消失，降低孩子閱讀理解的難度，讓孩子先習慣閱讀，找回閱讀的興趣。練習滿一個月後，就要進入第二階段。當拿出一篇文章時，先請孩子幫忙把所有「你我他」一個個圈起來，並且帶著孩子一個一個找出來到底是「誰」。

藉由反覆練習，當孩子熟悉如何正確判斷「代名詞」的意涵後，就能很快看懂文章，不再需要爸媽協助了。

跟著光光老師這樣做

這裡需要特別提醒爸媽，千萬不要操之過急，不要期待孩子快速改變。可以練習一、兩週，覺得孩子已經學會再進入第二步驟。要記得，一個新習慣的養成至少需要二十一天喔！不然孩子又會自然地回到「老習慣」上。

培養孩子的閱讀理解，並不是拿書逼著孩子讀就可以，而是要協助孩子更容易開始閱讀。讓孩子先從書中找到樂趣，就能讓孩子喜歡上讀書。此外，還要培養出三個基礎能力：「找出主角」、「劇情預測」、「生活經驗」，這也是幫助閱讀理解的重要工作。

一、**找出主角**

閱讀不是將所有內容都記住，而是要讀出重點。最重要的是去找出所有人物，並且確定誰是主角。如果連主角是誰都搞不清楚，只記住一大堆配角做的事，又哪裡搞得懂文章的內容呢？

我有小舞台：用紙箱做一個小舞台，選擇一本簡單的繪本。帶著孩子找出繪本裡的所有角色，印出來貼在卡紙上，再剪下來。帶著孩子一起演出一個小小舞台劇，讓孩子擔任主角的配音，一起演出一場好戲。

二、**劇情預測**

可能和你想像的不一樣，閱讀最重要的不是看書速度，而是看完後的感想。千萬不要讓孩子一次就看完，這樣連想都不用想，只是囫圇吞棗地看完每一個字。可以讓孩子看到一半時把書本蓋上，猜猜後面會發生什麼事。透過猜測與推理，然後不斷修正，孩子閱讀才會有感想。以前我們看連續劇時都會有短短的預告，就是在練習劇情預測能力。相反地，現在的人在網路上都一口氣看完三十集韓劇，這樣單純地被灌輸內容，反倒少了思考與推測的練習機會。

我是小編劇：帶著孩子一起讀繪本或故事，讀到一個關鍵點時，先賣個關子，不要立即說出劇情，讓孩子當小編劇，猜猜後面會發生什麼事。透過詢問式的引導，讓孩子找出細節，推測出合理劇情。如果孩子猜錯也不要刻意糾正，孩子自己會在腦海中思考。只要多陪孩子練習，他就會變得越來越厲害。

三、生活經驗

學習不只是在桌前，更要透過實際生活經驗的累積，幫助孩子將文字與經驗做結合。透過實際生活的觀察、體驗，可以增加孩子對文字內容的理解。多帶孩子四處走走，參觀有趣的展覽活動，都非常有幫助。

我愛博物館：有機會多帶孩子去參觀博物館或一些有趣的展覽。帶著孩子收集活動簡介，並一起閱讀。透過實際操作，可以讓孩子把文字與物品做連結，弄懂文字的意義。比方說要向孩子解釋什麼是水庫，還有水庫的功用，還不如帶著他直接來趟水庫之旅，站在壩頂上看水庫洩洪，那樣深刻的印痕更容易讓孩子理解。生活經驗越豐富，孩子越能體悟文字的內容，當文字與生活能夠互相連結，孩子就會喜歡閱讀喔！

給爸媽的小提示

孩子說話很流暢，識字也沒問題，但是看書卻看不懂，這不一定是因為孩子偷懶，有可能是「代名詞混淆」所導致的狀況。如果同時有代名詞混淆、音韻判斷不佳、跳字漏行的問題一起發生，孩子出現「學習障礙」的風險也就很高喔！

❽ 就是不會寫作文

道具介紹 **模範信筆**

在哆啦A夢的祕密道具中，「模範信筆」有著超強大的AI人工智慧，只要拿起它，就算文筆很差，照樣可以寫出感人的文章。最重要的，它還有調整程度的選項，可以寫出符合年齡的文筆。

大雄的叔叔送了他一套百科全書，媽媽要他寫封「感謝信」給叔叔，但大雄寫了一整個禮拜還是寫不出幾個字，氣得媽媽棍子都要拿出來了。好險後來有「模範信筆」來救援，別說是感謝信，就連交筆友也是小事一樁。

狀況來了：作文寫不成文

有些孩子就是寫不出作文，常常在桌子前呆坐半個小時，卻寫不出幾個字。明明問他就可以說得出來，為什麼改用寫的就寫不出什麼內容呢？不就是把要說的話用文字記錄在紙上嗎？為什麼孩子不願意照做配合一下呢？

要寫出一篇文章，不講究格式或結構，其實沒有那麼複雜，只要孩子可以說出口，並且能切合主題，當然可以完成。既然用說的如此簡單，為何孩子不願意寫或寫不出來呢？

人類的思考速度很快，常常大腦想了十句話，嘴巴大概能說出三、四句，如果還要用白紙黑字寫下來，速度肯定更慢，大概只會剩下一句。明明大腦已經想到三句，但是手上的筆還卡在「第一句」，也就是想得太快，但寫得太慢，過多資訊導致大腦當機，因而卡住寫不出來。

仔細觀察這樣的孩子，常常是已經想到要寫「一句話」，但寫到一半突然想不起句子的「某個字」要怎麼寫，只好暫時停筆回想，好不容易想起「那個字」怎麼寫時，卻把剛剛想到的「那句話」忘記了，只好從頭再想一遍，最後變成重寫另一個句子，又卡住別的字不會寫。如此反反覆覆，一句話常常寫三、四次也沒辦法完成，別說是要寫出一篇文章，就連要寫完整個句子都有困難。這時你越催促孩子，孩子就越心急，思緒跑得越快，也就變得越糟。相反地，這時應該鼓勵孩子慢慢來，帶著他先想出一句話，自己大聲地唸出來三遍，然後再動筆寫下。減少了思緒的堵車，讓孩子不用做白工，反而更容易寫完一篇文章喔！

給爸媽的話

我們常常不自覺想用大人的觀點強加套用在孩子身上，希望他們做到「完美」，卻忽略掉孩子的「年齡」。在發展的路上，孩子每天都在學習，也還在成長，不要操之過急的教導，而是要給予大量的鼓勵。

孩子不願意寫作文，我們會直覺認定他們是因為討厭寫字。這樣先入為主的觀念常引起不必要的衝突，甚至很多家長會歸咎於孩子不認真，才會寫字寫得醜、寫得慢，搞得每次寫作文就像在翻舊帳，當然孩子一看到作文就投降了。

對孩子來說，寫作文最重要的不是要「字體」寫得漂亮，也不是「文采」寫得多華麗，而是可以「勇敢」表達自己的意見。就是因為有自己的想法，想要告訴別人，讓別人知道，孩子也才寫得出一篇文章，而不是日常生活的「流水帳」。

許多孩子不敢寫文章，最關鍵的原因是擔心自己寫不好，因為作文沒有「標準答案」。有些爸媽在幫孩子「修改」文章時，反而會把孩子想要表達的熱情狠狠澆上一盆冷水。這讓孩子越來越懷疑自己的想法，也就越來越不敢表達，自然變得害怕寫文章。

當孩子寫作文時，先不用特別強調字體端正、正不正確，或架構是否完整，而是要能表達出「自己的想法」。字體潦草可以修改，字寫錯可以訂正，句法單調可以變化，修辭不佳可以修飾，唯一無法取代的是孩子的「想法」。

我們可以幫孩子把問題分開來解決。如果孩子寫字慢、寫字潦草，請另外花時間練習，甚至用電腦打字來替代，不要將寫作文的時間拿來做寫字訓練，那只會讓孩子感到更加挫折。想想看，當你自己想寫一篇文章時，會不會先擬一篇草稿，而草稿上的字會有多好看呢？千萬不要將寫字與作文混在一起，不然反而會一團亂，最後兩個都沒有練習到。

「作文」最重要的是表達想法，有想法才能有篇「好文章」。當我們在看孩子的文章時，記得多多鼓勵孩子表達，而不是找錯字、抓毛病喔！

跟著光光老師這樣做

寫文章並不難，但是要寫出一篇「好文章」可就不簡單。基本上，建議在國小三年級時讓孩子練習寫作文，是比較適合的時間點。如果在國小一年級，孩子連「造句」都還不熟悉、「詞彙」也不足夠的情況下，過度要求孩子寫文章，反而會打擊他們的自信心。

影響孩子不喜歡寫作文的可能關鍵有三個，分別是「詞彙能力」、「聽寫能力」和「造句能力」。這些都是學習寫作前必須先具備好的能力喔！偷偷跟爸媽說一個小撇步：作文練的是「表達」，「寫」只是其中一種形式而已，隨著智慧型手機越來越普及，錄一則小短片也不是難事，爸媽可以找個孩子有興趣的主題鼓勵他說出來，並拍成一段短片，也是訓練表達力的好練習喔！

一、詞彙能力

作文就像是在疊積木，「詞彙」和「佳句」就是作文的積木，如果孩子的積木越多，就可以堆疊出越好的作品。正因如此，練習寫作文的第一步，不是動筆寫字，而是大量「閱讀」，增加作文所需要的「積木」。孩子的詞彙量越多，就越容易寫出一篇好文章。可以幫孩子養成「早晨閱讀」的好習慣，趁著吃早餐時帶著孩子一起看書，引導孩子多記憶一些優美的短句，是一個好方式喔！

文字接龍：這是只要兩個人以上就可以玩的簡單遊戲。第一個人說出一個詞，下一個人必須接別人說的最後一個同音字，再說一個新的詞。例如：香蕉、膠水、水壺、狐狸……。基本上，只要是幼兒園大班以上就可以玩，而且可以在遊戲中培養孩子的詞彙量。

二、**聽寫能力**

這是指將聽到的聲音透過大腦轉譯成語言，再回想起字體的形狀後，透過手指動作拿筆寫在紙上的能力。許多很會表達但不會寫作文的孩子，是卡在「聽寫能力」上。雖然聽到自己說的話，卻沒辦法透過大腦與手指的合作在紙上寫下來。這時，爸媽必須額外訓練孩子的「聽寫能力」，才能進入下一階段的作文練習。

我是小記者：找三、四個小朋友一起玩，準備一個麥克風、筆記本、鉛筆。讓孩子假裝自己是「記者」，爸媽當作被訪問的人，每次講一個有趣的短句，要在十個字以內，例如：小豬飛上天、魚兒路上走……，越搞笑孩子越有興趣。玩十題後，讓小朋友們輪流說出記錄下來的句子，看看記得對不對。爸媽千萬記住，我們不是在考試喔，所以不論孩子是寫國字、注音、錯別字都沒有關係，只是要讓孩子可以快速記下筆記，當作寫作時的草稿就可以。

三、**造句能力**

從孩子造句能力的好壞可以預測他的作文能力，因此讓孩子學會造句很重要。造句可以分成兩種，一種是「詞性分析」，要了解這個詞是形容詞或名詞，才能放在正確的位置，像是：

妹妹穿著「花俏」的小裙子。（O→「花俏」是形容詞）
妹妹「花俏」地穿著小裙子。（X→「花俏」被誤用為副詞）

另一種是「句子合併」能力，運用詞彙將兩個句子合理連結，並且判斷出正確的因果關係，像是：「小明很聰明。小明很認真讀書。」就前後句關係來看，應該使用「不但……還……」的句型造句，例如：

小明「不但」很聰明，「還」很認真讀書。

如果寫成：

小明「因為」很聰明，「所以」認真讀書。

這就是因果關係錯誤的連接詞。

透過「關聯語詞」的使用，讓句型不會單調都只是一個短句一個短句，文章才會顯得有變化。

短話長說：隨著生活步調的加速，我們常常要長話短說，但造句反而應該要練習「短話長說」。讓我們和孩子一起來試試，輪流加上幾個字，看誰可以把句子變最長。例如：

A：蘋果

B：我吃蘋果

C：我愛吃蘋果

A：我超愛吃蘋果

B：我最喜歡吃蘋果

……

B：我最喜歡吃鮮紅色的蘋果，我每天都要吃一大顆蘋果。

C：我最喜歡吃鮮紅色的蘋果，我每天都要吃一大顆香噴噴的蘋果。

給爸媽的小提示

有亞斯伯格症的孩子，雖然超級會背誦，但往往不擅長造句，主要是對於指令過度解釋導致的問題。如果老師說：「造句不可以寫書上的句子。」這裡老師指的是課本，但他會誤認為是所有書本上的都不可以，所以即便背了一大堆，卻全部不敢用。這時，師長請向孩子說清楚，是不可以用「課本」裡的句子回答，但是可以用課外書籍的句子回答，就能解決這個問題了。

自理篇

1. 把房間收乾淨
2. 老是忘東忘西
3. 不小心漏出來了
4. 考試會作弊
5. 到哪都要洗澡
6. 老是叫我做家事
7. 先借我零用錢
8. 時間過太快了

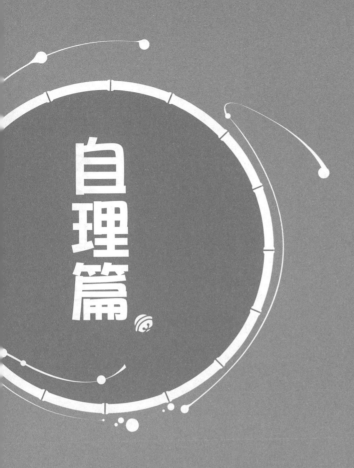

出木杉不是完美

只是出現的篇幅少

在所有的哆啦A夢故事中，最符合家長認定的完美孩子，就是出木杉。但是，出木杉真的完美嗎？還是只因為出現的篇幅少呢？

出木杉集合所有優點於一身，功課好、個性好、頭腦好、運動好、人緣也好，但是他算是「主角人物」嗎？好像有點勉強，因為他出現的次數真的不多，反而像是傳說中「完美的孩子」那樣遙遠而有距離。

對於出木杉，我們大多是羨慕，卻不親切，很難跟他交上朋友的感覺。如果說他是誰，只能說他是個聰明的孩子，然後好像又說不出其他特點。按照故事發展，最後他從事太空工程的工作，還到火星出差，娶了一個外國太太，有一個調皮的小孩。

「人」都有優點，但也有缺點，就是因為這樣才會有獨立的人格，不會每一個人都長得一模一樣。我們之所以與眾不同，是因為我們擁有不同的特質以及個性。只不過，優點和缺點往往是捆綁銷售的，例如當你讚美一個人做事很有「計畫性」時，另一方面也在表示他的「固執性」，常常不知變通，凡事太過認真，一點都不懂隨意享受生活。

「優點」和「缺點」本來就是一體兩面，只是看你如何看待。在欣賞孩子優點的同時，也要學會包容孩子的缺點，不要只想培養出一個「完美的孩子」，那是多麼無趣的事。無論孩子做得再完美，最後還是像出木杉那樣只能當一個「配角」啊。

人生就像一場戲，要有起有落才能顯出劇情張力。如果一出生就可預測到最後的結果，那有什麼樂趣呢？又如何能引人注意？想想你曾經看過的傳記故事，有哪一個人是完美零缺點的？正因為每個人都有缺點存在，這些不完美才顯得他格外厲害。完美的人如果寫自傳，會不會反倒讓人覺得是在自吹自擂，令人生厭呢？

人生很長，比的不是誰完美，也不是誰不會犯錯，而是誰可以跌倒又站得起來。請不要把孩子保護在溫室中小心翼翼地呵護，等長大後又抱怨孩子依賴成性。孩子的完美與否真的不是重點，成績好壞也不是關鍵，重要的是他跌倒時，有沒有再站起來的勇氣，能不能繼續迎接新的挑戰。

❶ 把房間收乾淨

道具介紹 固定位置噴壺

大雄的房間總是一團亂，東西都亂丟，地板上一堆東西，老是惹媽媽生氣。「固定位置噴壺」真是一個好道具，只要在東西上面噴一下，一放手，東西就會自己回到「原處」。大雄興奮地把所有東西都噴上噴霧，不管怎樣亂丟，東西都會乖乖回到原位。但問題來了，只要一放手，東西就跑回原位，這樣要怎麼帶出門啊？

狀況來了：房間總是一團亂

孩子的房間總是一團亂，不是桌子上堆滿東西，就是地板上都是玩具，就連垃圾也參雜在裡面。明明前幾天才整理好，一下子又亂成一團，難怪每次要找東西都找不到，真的很煩人！為什麼孩子就是不能養成隨手收東西的好習慣呢？

仔細看看大雄那亂七八糟的房間會發現，除了習慣不好之外，其實有個關鍵原因，就是他太「念舊」了。連小時候的娃娃、過期雜誌，甚至是已經壞掉的玩具都捨不得丟，結果越堆越多，有用的、沒用的東西都混在一起，當然會找不到東西。

想想看，如果你手上只有十個東西，是不是很好整理？相反地，如果變成十倍，有一百個東西，當然整理上就變得很困難。如果要培養孩子隨手收東西的習慣，第一步驟是要幫孩子減少手邊的東西。

孩子不願意自己整理，最重要的關鍵是「數量太多」。對於一個只能從一數到三十的孩子，要他自己收拾八十幾個玩具就像一個不可能的任務，他鐵定會覺得自己一輩子都做不到，當然打從心裡不想配合。即使雙手在收，心裡卻不甘不願，又如何做得好呢？最常見的狀況就是一旦被罵，情急之下乾脆將所有東西硬塞，想辦法做好表面功夫，結果變成有用的東西卡在下面，沒用的都疊在上面，等到要用時必須東翻西找，一下子就亂成一團了。

提醒爸媽一下，要讓孩子自己整理房間時，最重要的關鍵是：數量不要超過孩子「數數」的能力，不要給孩子過多的物品，並且幫助孩子挑選好必需用品。當東西變得簡單，孩子更容易保持整潔。

給爸媽的話

最近超流行一個概念叫「斷捨離」，大家知道嗎？我們常會購買太多不需要的物品，卻連幾次都沒用過。因為畢竟是花錢買的，丟掉又覺得很可惜，結果一直堆在家中。而「斷捨離」的概念，就是提醒大家將東西減少，反而可以獲得更多。

在房價越來越貴的現在，可以說是寸土寸金，房子可能一坪就要四十萬元。我們一邊抱怨房價高漲，卻一邊把房子當倉庫一樣東西越堆越多，生活的空間越來越狹小，姑且不談生活的便利性，單純從空間成本來看，這不也是一筆錢嗎？

整理物品時，最重要的就是「捨得」，而不是「收納」。將所有東西都收納起來，結果就連使用度高的物品也一起收，等要用的時候又找不到，最後只好再買一個新的，這樣不是更浪費？請把不需要的物品大膽地丟掉吧！讓家裡的東西簡單一點，整理起來才會更加順手。

一開始孩子很難自動自發，需要爸媽帶著一起做。對於年紀較小的孩子，記得收拾時留下一些東西讓孩子自己收完，再給予鼓勵，這樣孩子會變得喜歡收東西而漸漸養成習慣。請不要全部都讓孩子收，到時候一定做不完；也不要全部自己收，不然孩子找不到東西時，鐵定又要叫爸媽幫忙。

對於七歲以上的孩子，必須建立規則，養成「進門三件事」的習慣，會比你一直提醒來得有用。這就像是執行一個儀式，一進門就直接做好，自然而然地養成習慣。比方說讓他先放好鞋子、再洗完手，然後放好書包……。幫孩子規劃好動線和流程，孩子也更容易配合喔！

跟著光光老師這樣做

現在孩子都是爸媽的寶貝，加上生活水準提高，我們常在不知不覺中給予孩子太多，反而超出他們可以整理的範圍，當然也就常常搞得一團亂。其實，我們可以將物品的所有權放在爸媽身上，拿了一定要還給爸媽，這樣孩子自然就會養成把東西放回原處的習慣。

當然，除了減少孩子的擁有物品外，還有三個原則，爸媽也需要搭配使用，才能徹底解決孩子東西亂丟的壞習慣。

一、把步驟變簡單

很多時候，孩子確實有做，但就是做得很馬虎，搞到大人很生氣，像是上廁所好不容易記得沖水，卻又忘了掀馬桶蓋。當爸媽一責備，他會覺得很委屈，他認為自己明明有做。這通常是因為步驟細節太多，超過孩子的記憶能力了。最好的方式就是簡化步驟，並且配合口訣來幫助記憶。就像洗手的口訣一樣，「溼、搓、沖、捧、擦」，讓孩子可以琅琅上口，就可以記得牢。相反地，你說得越詳細，孩子卻記得越模糊，反而越做越不用心。

二、帶著分類歸納

「收納」不是將所有東西塞進抽屜裡就可以，又不是哆啦A夢的口袋什麼都放得進去，最重要的是分類和歸納，將不同功能的東西分類，同樣用途的物品歸納在一起，才能將東西放在適當位置。九歲以下的孩子對於歸納技巧還不成熟，常常所有的筆都放在一起，橡皮擦和膠水放在一起，結果要寫字時卻找不到橡皮擦。建議可以幫孩子準備一個大箱子、一個小箱子，帶著孩子做第一次的分類。將常用的東西放在小箱子中，少用的放在大箱子中，減少需要整理的物品數量。接著再準備三至四個小盒子，帶著孩子進行「分類遊戲」，看看哪些東西應該放在一起。透過和爸媽一起討論的過程，孩子就學會分類和歸納，也才會好好地整理東西喔！

三、使用工作清單（To-Do-List）

針對國小以上會認字的孩子們，我們可以使用工作清單，把需要做的事情，一個個明確列在清單上，並且每天定時檢查。只是要記得一個小要訣，就是在你檢查之前，讓孩子有機會自己檢查一下是不是全部做到了。「自我檢查」是最重要的步驟，因為我們要培養的是孩子自動自發的習慣。當孩子在「自我檢查」時，請孩子同時說出內容，這樣可以幫助記憶，當他可以琅琅上口所有項目時，就不會再丟三落四了。爸媽千萬要記住，絕對不可以臨時追加條件，不然孩子會覺得不公平而不願意配合喔！

給爸媽的小提示

好習慣的培養，越小越容易，等到國小才開始就有點太晚了。其實中班的孩子就可以做得不錯，只是這時孩子年紀較小，適合使用歌曲來引導。帶著孩子固定唱歌，並且一起做動作，當孩子下次一聽到相同歌曲時，自然就會開始執行動作，也不用爸媽一直耳提面命了。

② 老是忘東忘西

道具介紹 取物皮包

大雄總是丟三落四，常常一下忘記課本、一下忘記鉛筆盒，就連前一天熬夜寫的作業都會忘記放進書包。但是，大雄這天也太誇張，居然連書包都忘記帶回家。哆啦A夢只好東翻西找拿出「取物皮包」，只要說出想要拿的東西，再伸手進入包包裡，不論距離多遠就可以馬上拿出來，真是太方便了。

狀況來了：總是忘東忘西、丟三落四

孩子常常忘東忘西、丟三落四，一下忘記帶課本，一下鉛筆盒不見，真的讓人很懷疑是不是記憶有問題。但是又很奇怪，明明芝麻綠豆大的小事，他們又都記得很牢，有時很愛計較，怎麼可能記憶力不好？既然不是記憶力的問題，究竟是哪裡出狀況了呢？

有這種狀況的孩子，最常見的原因是「不知道等一下要做什麼」，所以常常需要別人在一旁提醒，提醒後才一副恍然大悟的表情，當然動作也會慢半拍。比方說星期二有音樂課，一定要帶笛子去學校；星期三有美術課一定要帶彩色筆，但如果孩子老是搞不清楚今天究竟要上什麼課，你覺得他會不會忘東忘西呢？

絕大多數孩子並不需要刻意背「日課表」，反正每天都上課，自然而然會記得。對於「時間概念」較弱的孩子卻不是如此。都已經開學兩個半月，甚至學期快要結束，自己的「日課表」卻還是一無所知，常常搞錯要上什麼課，當然東西不是帶錯，就是忘記帶去學校。

學校裡不會考孩子背「日課表」，因此很多孩子連記都懶得記，常常要上課了課本都還沒拿出來，等老師開始上課才匆忙地在書包或抽屜裡翻找，然後就被貼上不用心的標籤。加上孩子課後補習增加，星期一到星期日都排得很滿，每天要去的地方還不一樣，把孩子的時刻表弄得更複雜。反正要去哪裡也記不住，乾脆當一個小木偶，別人說什麼就做什麼，也因此變得越來越被動，需要別人一再提醒。

幫助孩子記住自己的「日課表」、「時刻表」，讓孩子明確知道隔天要做什麼，他們才會養成自動自發的能力喔！

給爸媽的話

現在的孩子書包越來越重，課本越來越多，光是一堂國語課，包含習作簿就有三、四本教科書，更何況還有其他科目，零零總總加起來快要二十本。真的要孩子完全不會忘記，老實說有點困難。

「記憶力」和我們想像的不一樣，我們在記憶事情時，不只是用眼睛看，更重要的是在心裡描述一遍。英國薩塞克斯大學（University of Sussex）的克里斯•博德（Chris Bird）博士的一項研究發現，讓受測者看過一段小影片，如果在四十秒內要求描述影片的內容，過七天後再測量他是否記得其中內容，有立即描述者可以記得多一倍的細節。

也就是說，我們必須將看到的轉換成語言內容，才能幫助我們記住。當要孩子記得一件事時，不只是要詢問孩子有沒有聽到，更重要的是要求孩子聽完後，在四十秒內立即複誦一遍，藉由透過自己的語句說出來，就能讓孩子記得更清楚。

不是把自己當「小祕書」一直幫孩子耳提面命，也不是當作「快遞員」幫孩子送作業。爸媽需要先和老師溝通，在不危害孩子自信的前提下，讓孩子自己承擔忘記帶東西的後果。讓他鼓起勇氣去向老師道歉，或是自己去向別班同學借課本。

但請千萬注意，不要運用「同儕壓力」的方式，像是刻意要求同學都不要借他，讓他自己坐在那裡發呆，這樣只會讓孩子覺得被社交孤立，並不會讓孩子學會要記得帶東西。

跟著光光老師這樣做

請不要幫孩子做太多，但也不要比孩子還緊張，這樣孩子當然會越來越依賴，變成不在乎的態度。對老師來說，孩子忘記帶東西都是可以包容的，但如果他們出現無所謂的態度，那才是老師的爆炸點。

孩子老是忘東忘西時，我們還需要幫他們培養出三個「好策略」。這些策略在學校不會考，通常孩子也懶得練習，結果卻被貼上「不認真」的標籤，這樣不是很冤枉嗎？

就讓我們跟孩子一起來練習這些「好策略」吧！

一、鉛筆盒減肥

不要給孩子帶太多文具，文具越多，搞丟的機會越大。帶孩子一起整理鉛筆盒，將文具減少會是一個非常好的方式。如果有需要，可以在文具上貼姓名貼紙，這樣即便掉了，同學也會還給他。這裡還必須特別提醒爸媽，盡量不要給孩子過於昂貴的文具，一來會干擾孩子上課的專心度，二來是如果弄掉了，孩子會有很大壓力，反而會影響孩子在學校的表現。

二、朗讀聯絡簿

在寫作業之前，要求孩子先拿出聯絡簿朗讀三次，幫助孩子練習「解碼」的能力。例如聯絡簿上寫的是「國習17到19」，必須讓孩子完整唸出「寫國語習作本第17頁到第19頁」，而不是只有「國習17到19」。事實上，如果在沒有額外練習的情況下，有一半的孩子要到三年級才會出現將縮寫轉換成全文的能力。特別是抄寫有困擾的孩子，會出現寫完也看不懂、每天不知道要寫什麼作業的情形，自然就需要爸媽來提醒。久而久之會變得更加依賴與被動。

三、自己收書包

培養「整理書包」的習慣，是最重要的工作。在每天睡覺前，要求孩子依照聯絡簿上的順序將物品放入書包。完成後才幫孩子簽聯絡簿。如果有需要，可以使用文件夾來當作隔板，幫助孩子整理書包會有很大的幫助。許多時候，我們覺得孩子忘東忘西，實際上是孩子無法在書包裡找到東西，甚至連辛苦寫完的作業都會忘記帶或忘記交，好不容易找到了，又不敢補交給老師，結果變成惡性循環，拖了一個星期還交不出去。在每天睡前的半小時，耐著性子陪他一起「整理書包」，你會發現孩子忘記東西的頻率就開始漸漸降低了。

給爸媽的小提示

孩子的文具老是弄丟，一下子找不到鉛筆、一下子橡皮擦不見，這時爸媽還要仔細觀察看看，孩子是不是常常東西掉了就找不到，非得要爸媽幫忙找。如果是，可能是因為「視覺搜尋」不佳，讓孩子眼睛雖然有在看，卻沒有辦法看到。爸媽可以參考「專注篇」的〈眼睛有看沒有到〉（第三十六頁）內容，進一步幫孩子練習。

3 不小心漏出來了

道具介紹 間諜眼球

大雄犯錯時，剛好被小夫看見，小夫就用這個把柄來欺負大雄，叫大雄幫他拿書包和掃地。哆啦A夢知道了很生氣，小夫雖然平常都表現得不錯，但是一定也有一些弱點，只是不被大家知道而已。

哆啦A夢從四次元口袋拿出「間諜眼球」，讓機器眼球飛到小夫家監視他的一舉一動，結果發現一個天大的祕密。那就是小夫在睡午覺的時候，偶爾還會不小心尿褲子！

狀況來了：不小心尿褲子

孩子已經進入小學了，但是晚上睡覺還是會尿床，到底是什麼原因呢？是孩子哪裡出狀況嗎？之前明明就可以自己控制，為什麼又再次出現這種情況？這點往往會讓爸媽感到非常擔心。

孩子二到四歲時，伴隨語言表達能力的發展，就可以開始練習自己上廁所。這時，孩子在白天可以控制自己不尿褲子，但是晚上睡熟後，還是容易出現尿床的情況。在統計上，三歲的孩子約有百分之四十出現尿床情形，這是普遍的現象。

隨著年齡增長，孩子控制的能力越來越好，基本上五歲以後就不會出現尿床情形了。五歲以後，如果孩子依然有尿床的情況發生，爸媽就要特別注意，這時必須先分辨是「生理因素」還是「心理因素」的影響。

「生理因素」是指孩子控制膀胱的能力尚未成熟，容易在剛睡醒時尿床，並且會持續發生。由於生理成熟度不佳，責備他們沒有多大效果，反而會導致自卑的情緒產生。

「心理因素」則是因為孩子面臨過高壓力，導致尿床的情況，這常會伴隨惡夢時尿床，往往是間歇性發生。像是要考試時就會比較頻繁尿床，但考完試又恢復正常。這時孩子最需要的是降低壓力源，就可以緩解尿床的情況。

原因不同，協助的方式也會不一樣。不是高壓責備孩子就可以改善，而是要找出原因。如果孩子是「心理因素」導致尿床，越是高壓責備，等於是給他增加了更多壓力，情況反而會越來越糟。

給爸媽的話

會自己上廁所對孩子來說是件很開心的事，因為這是孩子開始學習如何「自我控制」的第一個工作，真的很了不起啊。當孩子可以成功忍耐自己的慾望，控制自己上大號或小號，也可以從中得到成就感。

「上廁所」不該是件很羞恥的事。爸媽對待「上廁所」的態度，也會影響到孩子的情緒。幫孩子換尿布時，如果你是開心的，孩子就會喜歡上廁所；如果你是嫌惡的，孩子自然也就恐懼上廁所。請不要讓孩子將「上廁所」和噁心、骯髒、生病連結在一起，這樣會讓孩子將上廁所當成一件可怕的事，甚至讓他開始憋尿、便祕，問題更難解決。

孩子在五歲以前，如果一週還會尿床一次，請不要過度擔心，孩子需要的是鼓勵與練習。這時請讓孩子練習一起「收拾」，讓孩子學習「負責」的概念。我們可以在床墊上加一層薄薄的防水墊，一來讓整理變得比較容易，二來不會讓孩子有罪惡感。

千萬不要嘲笑孩子，在旁邊說這樣的風涼話：「你還是小貝比嗎？」沒有孩子想要尿床，也不是故意要找你麻煩。這些無意義的話只會增加孩子的壓力，讓他們更加恐懼。嚴重時，甚至會不肯脫掉尿布，反倒更難處理。

孩子的練習需要時間，請多多給予練習的機會，多一點耐心與鼓勵，讓他們更快學會自我控制。

跟著光光老師這樣做

在協助尿床的孩子時，不要執著於一次就要成功，而是要多花點時間帶它們練習。我們可以從三個「關鍵點」來處理：

一、增加膀胱的彈性

和爸媽想的不一樣，白天不喝水的孩子，晚上反而更容易尿床。讓孩子在白天多喝水，訓練膀胱彈性，孩子在睡覺時才有更大的「儲存空間」而不會尿出來。許多孩子因為怕尿床或漏尿，所以不敢喝水或上廁所，反而只要有一點點尿就會跑廁所，導致膀胱練習的機會不多，容量一直很少，當然也容易漏尿。孩子七歲後，可以讓他在上廁所時，藉由分段尿尿的方式來訓練括約肌的力量。請讓孩子在白天時多喝水，睡前一小時不要喝水，這才是正確的協助方式。

二、降低對廁所的恐懼

許多習慣憋尿的孩子是因為覺得廁所不乾淨，或認為上廁所是骯髒的事。孩子常常忍耐不住才說，但才說出口就尿下去了。對於這樣的孩子來說，最簡單的方式是讓他覺得廁所是「乾淨的」。建議家長可以帶孩子一起清潔浴室，將周邊雜物都清理掉，讓孩子覺得馬桶已經消毒過了，一點都不髒。這樣孩子的焦慮感會降低，也就願意上廁所了。此外，養成定時上廁所的習慣，特別是在睡覺前一定要先上廁所。在這裡提醒爸媽，不要在孩子睡著後叫醒孩子尿尿，這樣只會增加孩子的壓力，反倒會因為睡不好而更容易尿床。

三、晚上自己上廁所

許多五歲以後的孩子睡覺時有尿意，會自己醒來起身上廁所。但有些孩子因為怕黑，不敢自己走過暗暗的走道進入黑暗的廁所，所以會變成在廁所門口尿尿。這狀況容易出現在怕黑、怕怪物的五歲孩子身上。這時請帶著孩子玩手電筒遊戲，可以在黑漆漆的房間裡找出寶藏，降低孩子怕黑的感覺。此外，在七歲以前，請不要對孩子說鬼故事，因為孩子還分不清楚什麼是虛構故事、什麼是真實世界。幫孩子在走廊上點盞燈，或讓廁所的小燈開著，都會有所幫助。

給爸媽的小提示

人體製造出來的尿液會先儲存在膀胱中，當累積到一定數量，膀胱快要滿了，就會產生尿意。如果孩子的膀胱容量比較小，就可能出現漏尿的問題。「膀胱容量」的計算方式如下：（年紀×30克）＋30克。如果孩子憋尿後，尿出來的尿量明顯太少，則建議尋求專業醫師的協助。

❹ 考試會作弊

道具介紹 電腦鉛筆

胖虎雖然很強壯，力量超級大，但是一直都沒有考過一百分。胖虎搶了大雄的「電腦鉛筆」，終於如願以償考一百分，急忙拿回家給爸爸看。沒想到胖虎的爸爸並不高興，還哭了出來。胖虎的爸爸說：「你沒有突然考一百分的道理。考不好沒關係，我教過你不可以作弊啊！」接著就狠狠把胖虎揍了一頓。

狀況來了：考試偷看答案

孩子考試時會偷看別人的答案，甚至拿出課本來偷看，這樣不是作弊嗎？怎麼會這樣呢？在課堂上大家一起學習，搞不懂時習慣問來問去，但考試時遇到不會的題目，自然會一直想去問同學答案是什麼。同學不理會，他居然還大刺刺用鉛筆戳人家，被老師逮個正著，爸媽當然氣昏頭。遇到這種狀況，只要告誡孩子幾句就可以了嗎？難道不能狠狠揍他一頓，讓他牢牢記住？這真是讓爸媽內心好掙扎啊！

孩子這樣算是在「作弊」嗎？以行為上來說確實如此，但是孩子想的和我們大人不一樣。孩子會不會是因為在乎分數所以刻意欺騙呢？很多時候，這些被貼上「作弊」標籤的孩子，其實是搞不清楚狀況。

他們不像在意考試分數的孩子被扣多一、兩分會心痛不已，因此努力在考前用功複習。相反地，他們通常是因為老師說不用在意成績，即使考六十分也沒有什麼感覺。既然孩子不在乎成績，又為何會想要作弊呢？

關鍵在於「衝動控制」不成熟。我們可以在四到五歲的孩子身上觀察到，當孩子在玩「競爭遊戲」時，很容易有作弊的情形，這是因為恐懼失敗而出現的行為。這樣的行為如果爸媽沒有適時改正，讓孩子隨意而為，等長大後就很容易急著想知道正確答案，卻因無法等待而作弊了。

給爸媽的話

成績只是一個分數，並不能代表孩子的全部。不要讓孩子覺得你比較喜歡成績，勝過喜歡孩子本人。「作弊」是一種欺騙、不誠實的作為，這不只是欺騙別人，更是欺騙自己。

當孩子作弊時，如果只是大聲斥責或體罰，並無法讓孩子了解為什麼不能作弊，更重要的是必須強調「誠實」的重要性。對於五、六歲的孩子來說，「恐懼」就是孩子不誠實最主要的原因。如果要教導孩子誠實，最重要的是贏得孩子的信賴。對孩子拳腳相向，反而是將孩子推離你身邊，讓彼此距離變得更遠。

我也不建議要求孩子為「作弊」站到台上向所有同學道歉。這樣使用羞辱的方式，只會讓孩子為了保護自尊，而出現情緒上的抗拒，甚至變本加厲。可以私底下讓孩子明確知道事情的嚴重性，讓孩子確實了解才重要。

既然不應該打，又不要求道歉，難道就這樣放任他嗎？當然不是，忽視孩子的錯誤，只會讓孩子覺得偷看一下沒什麼，然後越來越不在乎，甚至會發展出寫小抄的情況。這時應該要教孩子的是：如何遵守考試規則。

可以將考試規則一條一條寫出來，讓孩子可以清楚看見，例如：

一、考試前所有課本，都要放在書包。

二、老師發考卷之前，先準備好文具。

三、考試時不可說話，不可以問同學。

四、考試題目有問題，舉手等待老師。

五、自己寫完題目後，還不可以看書。

透過明確的規則，幫助孩子克制自己的衝動，確實遵守遊戲規則，孩子也就可以漸漸培養出「誠實」的習慣。

跟著光光老師這樣做

當孩子作弊時，我們得視狀況介入。在處理時，一定要考量到孩子的自尊心，不是凡事都要當場處理。必須有耐心，才能先等孩子冷靜，再跟孩子慢慢分析作弊造成的後果及其嚴重性。

依照不同的情況，協助孩子的方式也不同。就讓我們從導致孩子想「作弊」的三個原因來一一處理吧！

一、避免被處罰

雖然我們常說「考不好也沒關係」，但是真的是這樣嗎？絕大多數孩子會作弊都是基於「恐懼」，擔心自己考不好，忍不住就偷看旁邊同學的答案，漸漸變成作弊的行為。因此，減少孩子對於成績的恐懼感，幫孩子訂定適合的目標就非常重要。給予孩子一個完全無法達到的目標，不是讓孩子學會早點放棄，就是逼著孩子學會作弊。相反地，只要每次進步一點點，累積三年也會有很大的改變，不是嗎？

二、獲得獎勵品

為增加孩子的動機，許多父母會給予孩子獎勵品。如果考試考一百分，就給孩子一百元的零用錢，這當然無可厚非。但獎勵品的給予要適當，不要太昂貴，像是一萬多元的 iPad，由於獎勵品的誘惑太大，超過不誠實需要付出的代價，反而會誘發出作弊的意圖。這會讓我們的美意變成孩子的惡意，那不就太可惜了？

三、獲得虛榮感

不是成績不好孩子才會作弊，這只是我們大人的偏見。在臨床上，我們常碰到成績好的孩子也會有作弊的情況。但是同學們告狀時，老師卻沒有處理，導致孩子覺得不公平而開始作弊。成績好為何要作弊呢？主要是大人過度強調名次，讓孩子因為虛榮心出現不適當的行為。也因此，減少孩子對於名次的比較和競賽，就可以解決這個問題。

第一次發現孩子「作弊」時，爸媽就必須注意和處理。我們常常很重視學校考試，卻忽略了日常生活的經驗。當我們在孩子玩大富翁、下象棋、撲克牌時，孩子是不是可以很誠實呢？這些生活中的小細節才是最重要的練習，讓孩子可以學會控制自己想贏的慾望，而不會偷偷破壞規則。孩子必須先具備這樣的能力，才能學會誠實面對自己的成績。

給爸媽的小提示

孩子在五、六歲時，不知道看別人答案就是作弊，這時只要明確教導孩子我們的期望，例如：「好學生是不會看別人寫的。」用這樣中性的句子就可以。到他們七至九歲時，可能會因為擔心答案錯誤而翻書抄答案，這時孩子已經有明確的對錯概念，就必須嚴厲明確地禁止。十一歲以上的孩子，作弊則可能是出於同儕壓力，這時就必須尋求老師協助，才能找到真正的解決方式。

❺ 到哪都要洗澡

道具介紹 溫泉繩子

在哆啦Ａ夢的故事中，靜香算是個完美的孩子，不但有禮貌，更是人見人愛。只有一個問題，就是靜香真的很愛洗澡，愛到一個痴迷的地步。不論在任何情況下，她都一定要洗澡，即便在長篇故事中碰到敵人來襲也不例外。

但是遇到停水怎麼辦？還好哆啦Ａ夢有「溫泉繩子」，只要攤開來繞成一個圓圈，裡面就會充滿溫泉水。真是太棒了，靜香可以放心啦！

狀況來了：孩子有潔癖？很挑剔？

孩子超級怕髒，只要手沾到一點水彩就要馬上洗手。衣服不小心滴到水，就吵著要馬上換。搭計程車時更頭痛，一下子嫌椅子髒，一下子又說味道臭，弄得爸媽超尷尬。究竟是孩子有潔癖，還是哪裡有問題？

愛乾淨是一件好事，但如果過度反應就是一個大麻煩。潔癖是一種「焦慮反應」，害怕可能會出現不好的事而出現恐懼的情緒。就像是你要上台演講，不論別人再怎麼說不要緊張，你的心臟也不會因此跳得慢一點。這是一種情緒反應，不是大腦意志可以控制的。孩子會出現潔癖，可以分成先天和後天兩類原因。

一種是孩子先天的氣質較敏感。由於天生的感官系統調節過度敏感，導致孩子的感受與眾不同。因為對於外在刺激過度敏感，即使他人無法察覺的感受也會出現強烈反應。在臨床上，我甚至遇過味覺過度敏感的孩子，連喝白開水都可以分辨出是哪裡的水，連誰煮的都一清二楚。但也因為感覺太敏銳，只要一出家門就會讓爸媽神經緊繃。

另一種是後天的感覺經驗不足，導致大腦對於新刺激無法理解，因此出現過度解讀的情況。就像出國第一次嘗到從未看過的食物，總是會有點擔心，只敢咬一小口，但是只要多試幾次，習慣那些陌生的味道後，再大口也沒什麼感覺。因此，如果孩子在三歲前的感覺經驗越豐富，對於感覺刺激的包容度也就越高。相反地，如果孩子在過度保護下成長，對外在刺激經驗不足，自然就很容易大驚小怪。

給爸媽的話

爸媽先放輕鬆，並不是孩子愛乾淨就是有「潔癖」。潔癖的定義是過度重視清潔，以至於影響正常的生活，特別是在社交技巧上。從這個角度來看，靜香還不算是有潔癖，只是太愛乾淨而已。

還有一個誤解，並不是有潔癖的人就一定很愛乾淨。有些人顯現出來的是，自己隨便亂放沒關係，但只要別人一碰就會崩潰。如果是這種狀況就要特別注意，孩子有較高風險是屬於「強迫性人格」。

在佛洛依德的人格發展理論中，認為潔癖性格與幼兒時期「戒尿布」的經驗有關。「肛門期」在一歲半至三歲時發生，爸媽訓練孩子大小便的態度如果過於嚴格，會導致孩子因恐懼而出現憋住不敢便便的情況，長大後就比較容易有潔癖。

也因此，在幫孩子戒尿布時，一定要循序漸進，不要過度責備。畢竟孩子的因果連結概念尚未成熟，有時候會錯誤連結，一不小心會讓孩子小小的心靈解讀為：「大便不乾淨，而我會大便，所以我不乾淨。」那問題就大了，不但會變得怕髒，甚至會出現嚴重的便祕問題。

保持乾淨很重要，也可以幫孩子遠離感冒傳染，但是請不要過度強調「骯髒」這件事，更不要連結到死亡。孩子對於怕髒的反應都是從爸媽的表情學來的。當孩子不小心弄髒衣服時，不要刻意做出誇張的反應，請淡定地說：「弄髒沒關係，再洗乾淨就可以了。」

跟著光光老師這樣做

當孩子過度愛乾淨，甚至到了找麻煩的地步，請記得孩子是出於焦慮。責備或高壓往往不能解決，只是把現在的問題壓抑到日後發生，並沒有多大的好處。

有潔癖的孩子往往有三種常見的原因，分別是：觸覺過度敏感、嗅覺過度敏感、對髒過度恐懼。

一、觸覺過度敏感

孩子對於觸覺過度敏感，特別是討厭黏黏、糊糊的感覺。有些孩子甚至會抗拒使用白膠，而出現不願意參與勞作的情況。這樣的孩子只要手上碰到一點黏黏的東西，就想馬上洗手。這時爸媽可以帶著孩子一起做些簡單的烹飪活動，像是做餅乾、蛋糕之類的，讓孩子用雙手觸摸麵團，增加更多的觸覺經驗，漸漸降低他的敏感度，就比較不會那麼容易大驚小怪。

二、嗅覺過度敏感

嗅覺會直接連結到大腦的情緒中樞，當我們一聞到噁心的氣味，直覺會做出嫌惡的表情。如果孩子對於氣味過度敏感，就常會做出抗拒或逃避的行為，甚至會有噁心想吐的反應。請不要噴一大堆的芳香劑，那只會讓味道混在一起。這時可以先幫孩子隨身準備口罩，暫時隔絕不喜歡的氣味，也可以帶他們多認識不同的味道，像是水果、花朵、食物氣味，學會如何辨認與描述味道，幫助孩子漸漸降低過度敏感的情況。

三、對髒過度恐懼

如果每次孩子一拿起地板上的東西，你就大聲尖叫說：「骯髒鬼，你這樣會生病死掉喔！」你覺得孩子會怎麼想呢？我們常常無意間將骯髒和死亡做連結，搞到孩子一整個神經兮兮。要改變孩子的第一件事，就是改掉大人的口頭禪，不要一直大驚小怪地嚇孩子。弄髒沒關係，只要能清洗乾淨就好，這樣的態度才不會讓孩子有那麼大的壓力。很多怕髒的孩子，一開始不是怕髒，而是怕被爸媽罵，久而久之就把兩件事混在一起，最後都搞不懂自己到底在怕什麼，而變得什麼都害怕。

不要覺得孩子是在找麻煩或故意讓你難堪，他只是很誠實說出自己的感覺。有時孩子沒辦法自己解決問題，就更需要爸媽先接納孩子的特質，再以引導的方式與孩子一起找到最好的答案。

給爸媽的小提示

對於不同工作性質，也會有不同的清潔習慣，像是醫生或護士常常接觸到不同病人，一小時需要洗六、七次手，這樣當然不能算潔癖，而是工作需求，因為不影響到生活與工作。如果孩子很愛乾淨，但只要不影響正常生活表現，就不能算是潔癖。

此外，生活上有潔癖沒關係，但如果心理上有潔癖會比較麻煩。如果對自己過度要求完美，不容許一絲絲的瑕疵而不斷壓抑自己，到了青春期面臨生活上的挫折，如果不肯放過內心的自己，就更容易引發出「心理問題」，這才更讓家長擔心吧。

6 老是叫我做家事

道具介紹 影子剪刀

媽媽常常要大雄幫忙做家事，像跑腿買東西、幫忙寄信、到院子拔草，真煩人。小孩子也有很多事要做，不知道哆啦A夢有什麼道具可以幫忙做家事？

哆啦A夢找到「影子剪刀」，只要用它朝自己的影子剪下去，影子就會獨立和本人分離，可以幫忙做家事。只是哆啦A夢又忘記提醒注意事項，就是只能讓影子分開三十分鐘，不然影子會變成一個真正獨立的人啊。

狀況來了：才不想做家事哩

叫孩子做家事好像要他的命，總是一副心不甘情不願的樣子。不是要叫個一、二十遍，就是很敷衍地隨便做一做，都要爸媽氣到爆炸才做得好。怪的是，明明就可以做得很好，為什麼總是要搞到大人氣呼呼的呢？

要求孩子做家事確實是件好事，但是為何那麼困難呢？這跟年齡有關係，越是小時候，越容易養成習慣。

「模仿」是上天給予孩子最大的禮物，孩子透過模仿來學習，在懵懵懂懂間就先學會如何做，長大後才會理解背後的原因。如果等到七歲以後才想要培養，會比較困難。

兩歲時，孩子什麼都喜歡模仿，像是吃飯時都不想用自己的小湯匙，硬是要用大人的筷子。不論爸媽做什麼，他都張大眼睛看，一直迫不及待想要學，將看到的東西變成自己的能力。

三歲時，孩子覺得自己很厲害，已經長大了，想要當一個「大人」，所以什麼都想自己做，連你想要幫忙，他都會堅定地拒絕你。他常把「我可以做」放在嘴邊，但是下場爸媽都知道，一定沒辦法做得很好。

四歲時，孩子超喜歡玩扮家家酒，可以做完一連串的步驟。仔細觀察孩子在遊戲，可以正確重現媽咪在家煮晚餐的所有步驟與順序，而且幾乎沒有錯誤。透過遊戲過程的反覆練習，孩子雖然在和朋友玩，同時也在準備好做家事的能力。

五歲時，孩子開始漸漸脫離稚氣，越來越像小大人，但是對於想像遊戲突然間失去興趣。這時孩子開始不喜歡玩扮家家酒，反而更喜歡「真實工作」，並從中獲得「成就感」。

在四、五歲時讓孩子開始「做家事」，因為順著發展特質，當然就很容易養成習慣。相反地，等到九歲以後，孩子學業壓力越來越沈重，也越來越有自己的想法，這時再想要孩子分擔家務，就會花費更多時間。

給爸媽的話

做家事不是一個工作，而是一種習慣。孩子還小時，可以透過帶著他們一起做，給予他們榮譽感，漸漸培養出來。孩子覺得自己長大了，能做更多的事，自然就很願意分擔家務。

讓孩子分擔家務，最重要的不是因為家事要有人做，也不是為了工作效率。如果從這兩個觀點來出發，基本上爸媽自己做比較快。其實，做家事是在培養孩子的「責任感」，讓孩子學習到「負責」就是要做好自己的工作。當然孩子年紀還小，難免出錯，沒辦法做到百分之百完美，這時爸媽應該鼓勵多於責備，才能讓孩子願意持續嘗試。美國哈佛大學（Harvard University）心理學家韋朗特（George Vaillant）的調查研究指出：童年時有做家事習慣的孩子，在成年後「獲得高薪職位」的機率多四倍，「失業可能性」則少十五倍。

並不是孩子會掃地和拖地，薪水就會比較高，而是透過做家事培養孩子的責任感，讓孩子學會自動自發。想想看，如果你有一個員工做事拖拖拉拉，要唸一下才勉勉強強動一下，但另一個只要交代一聲就很負責地自動自發，從來不需要說第二遍，如果你是老闆，你給這兩位的薪水會不會有差別呢？

做家事不是練習當幫傭，而是培養孩子的責任感。當我們幫孩子做牛做馬的同時，其實也在折斷孩子的翅膀。習慣依賴的孩子，又如何能長大？請不要幫孩子做得太多，卻又抱怨孩子不知惜福，不體貼爸媽的辛苦，因為孩子從來就沒有辛苦過，又哪能體會你的累呢？

跟著光光老師這樣做

在兒童發展的評估中，「生活自理」一直是很重要的項目。現在的孩子越來越聰明，但生活自理能力卻越來越差。想想看，如果一個孩子連自己穿襪子都有困難，又如何能主動幫忙做家事？我知道這聽起來很好笑，卻常發生在現實生活中，所以要孩子幫忙做家事之前，請先培養起孩子的生活自理能力。

當孩子有能力照顧自己，才能去照顧別人，自然就願意做家事了。讓我們來使用三個好方式，引導孩子養成做家事的好習慣。

一、任務符合年齡

依照孩子年齡可以做到的事情給予適當的家事任務。以洗碗而言，四歲可以幫忙收碗、五歲負責擦乾、六歲負責沖碗，等到七歲以後就可以自己洗碗。做家事需要引導，讓孩子可以成功，就是孩子願意配合的關鍵。給予孩子不同階段的工作，讓孩子有一個嚮往，覺得自己是因為長大了所以可以這樣做，有了榮譽感支撐，孩子才願意主動做家事。

二、明確列出步驟

要求孩子做家事時，不是只給予指令，例如：「把房間收好！」結果孩子收完才坐下，又被罵了一頓。因為孩子和爸媽對「收好」的定義不同，當然就搞得爸媽不開心、孩子很困惑。請把任務一一列出步驟：一收玩具、二收桌子、三倒垃圾桶。這樣孩子容易配合，也不會覺得自己什麼都做不好而感到挫折。

三、使用代幣制度

七歲以後才開始培養做家事的習慣，建議可以使用「代幣制度」。這裡不建議使用零用錢作為獎勵，這樣會讓孩子把家事當作一個額外工作。當孩子做一件家事或幫家人一個忙，就可以得到一張貼紙，累積到一定數量就可以換取「獎品」。只是要注意，「代幣制度」是一種加法，而不是減法。你可以不給孩子貼紙，但不能拿走孩子的貼紙。爸媽會失敗的原因，常常是加法和減法一起使用，結果反倒沒有任何效果。

在幫忙做家事時，還有一個小重點要提醒爸媽，要適時幫孩子換工作。特別是七歲以前，當孩子還不熟悉時，經常會拚命努力練習，一股非常有動力的樣子，但是一旦學會了，他們就會覺得無聊。這時可以適時幫孩子換個新工作，維持住他們的動機喔！

給爸媽的小提示

家裡大大小小的事情超多，常常忙上一整天也不一定可以全部做完，真的很辛苦。家長也難免會想抱怨一下，但請不要在孩子面前哀嘆做家事有多累、多煩，我們可以換句話說：「幫媽咪做家事，媽咪才有時間可以陪你玩。」這樣孩子會更有動力喔！

先借我零用錢 ❼

道具介紹 **人類存錢筒**

大雄超級沒有「金錢概念」，常常一下子就把零用錢花光，總是缺錢買東西。小夫又買一台新的機器人模型，真是讓人羨慕。大雄要哆啦A夢幫忙想辦法存錢買模型。

這可難倒哆啦A夢了，之前用過好多次存錢道具，大雄一次都沒成功過。乾脆把錢存到胖虎那邊好了。哆啦A夢拿出「人類存錢筒」，把胖虎變成撲滿，這下子大雄就不敢偷偷領出來了吧。

狀況來了：零用錢老是不夠用

不管給孩子多少零用錢，總是一下子就花光了，問他花到哪裡去，卻怎麼也說不清楚。孩子真的是一點「金錢概念」都沒有，不給他又一直要，給他又亂花，究竟應不應該給孩子零用錢呢？

「錢」其實對孩子來說是很模糊的一串「數字」。五、六歲的孩子不知道價格高低，卻很清楚美醜，所以孩子傾向挑選漂亮的商品，遠勝過盒子裡的內容物。

此外，大人總是習慣用「價格」來衡量物品，但孩子重視的是「感受」。價格對於孩子來說不具意義。老師送的小禮物孩子為何特別珍惜，重點不在金額高低，而是物品背後隱含的意義。那是一種「榮譽感」的象徵，讓孩子在同儕中顯得與眾不同。

我們常用「金錢」來衡量事物的價值，但孩子更重視朋友們的眼光。就是因為衡量的單位不同，所以對於「金錢」的概念也不一樣。培養孩子的「金錢觀」，並不是一直和孩子談賺錢有多辛苦、錢要如何使用、買的東西划不划算。只用「錢」來衡量世界是一件很可怕的事，但是不會用「錢」也很可怕。不同年齡的孩子，對於「錢」的認識不一樣。對他們而言，過大的數字，例如一千和一萬，並沒有多大差異，因為孩子無法理解。

價格的高低往往不是孩子選擇的重點，電視上有沒有廣告、同學有沒有買，這才是孩子選擇購買的關鍵。融入生活才是真正的智慧，刻意的教導往往只是流於形式。在教導孩子正確的「金錢觀念」更是如此，在生活中示範給孩子看，孩子才能

8 時間過太快了

道具介紹　時間閘門

時間是最重要的資源，因為完全無法回收再利用。哆啦A夢有個超棒的道具，就是「時間閘門」。只要把門關小一點，時光就會流得比較慢；如果把它完全關緊，時光就會完全停止。這對於超沒有時間概念的大雄真是太好用了，因為大雄常常沒做什麼事情，一整天就過去一半。明明大家的時間一樣多，但是大雄老是不知道自己的時間究竟花到哪裡去了。

狀況來了：老是時間不夠用

明明下午沒上課，有一大堆時間可以利用，孩子就是一直在浪費時間。摸東摸西搞了好久，功課也寫不到幾個字。都要等到吃完晚餐後才急急忙忙寫，時間當然不夠用，急著要爸媽幫忙。唉，怎麼會那麼沒有時間觀念呢？

想想看，以前的孩子非常有時間概念，為什麼現在孩子越來越沒有呢？明明就已經給孩子帶了手錶，為什麼孩子就是不會注意時間？

「時間」是一個抽象概念，摸不到，也看不到。孩子看待時間的方式和我們大人不一樣，他們是用「事件」來記憶時間，而不是時鐘上的數字。我們過去的生活規律而固定，五點看卡通、六點媽媽煮飯、七點爸爸回來吃飯、八點背書、九點上床睡覺，當然「時間觀念」很容易培養出來。但現在，你連幾點下班都不一定，又何況孩子呢？

在四歲以前，孩子關心的只有「現在」，只要是發生過的事，就全部歸納為「昨天」，不論是一天前、兩天前、十天前都一樣。對於小小孩來說，世界充滿各種好奇的事物，所以孩子往往更在乎「未來」，而忽略「過去」。

在五歲時，孩子的時間觀念漸漸萌芽，開始有「一週」的概念。星期一吹直笛、星期二做勞作……星期六彈鋼琴、星期日出去玩。孩子從預期生活中即將發生的「重複事件」，漸漸理解「週期性」的概念。同理可證，這時孩子的「時刻表」越規律，週期概念就越容易成熟。

等到七歲時，孩子漸漸有「一個月」的週期概念，加上對於「數字序列」概念成熟，才開始能理解「看時間」這件事。想想看，如果對於「七」後面是什麼數字都搞不清楚，就算跟他說九點到了，孩子怎麼會有感覺？

等到九歲時，孩子開始可以「規劃時間」，安排與計畫時間的順序。只是孩子剛開始練習，常常會在一件事上花過多時間，導致時間不夠用。這時，爸媽可以花點時間先跟孩子溝通，給予建議，讓他學會規劃。

給爸媽的話

「時間」對於大人是客觀的數字，對孩子卻是情感的感受。因為兩者的假設不同，所以常常就會有些紛爭。我們常常用時鐘來看時間，但是你想想，如果孩子等到二年級才會看時鐘，甚至還會算錯，你覺得時間對他來說是客觀的嗎？

對孩子來說，時間更像是一種「感受」。當事情很無趣時，真是度日如年、非常難熬，五分鐘就像一輩子。相反地，當事情很有趣時，就會流連忘返、一次玩上一、兩個小時。因此，並非是孩子會看時鐘，就表示有「時間觀念」，就如同孩子已經會寫國字，但是距離寫作文還有一段距離。

對於低年級的孩子來說，協助建立「時間觀念」的最好方式，就是幫他建立規律的「生活時刻表」。讓孩子先學會遵守規則，時間到就去做指定的事，才能漸漸養成習慣。相反地，孩子每天都沒有規律，想做什麼就做什麼，當然也就沒有時間觀念。

這時爸媽更要以身作則，讓孩子知道「守時」的重要性，盡量不要遲到或早退，才可以培養出孩子的時間觀念。想想看，如果孩子每天早上都遲到，又如何能學會準時呢？

此外，還有一個非常重要的前提，就是「請不要將孩子的時間佔滿」。如果每天的時間都不夠用了，那規劃和不規劃有什麼差別？如果當孩子感覺到無論做得再快，還是不停有新的工作，當然孩子就會興趣缺缺。

孩子不是用「聽」來學習，而是用「看」來學習，父母以身作則的示範並遵守時間約定，就是對孩子最好的教導。

跟著光光老師這樣做

「時間觀念」並非孩子與生俱來，是由爸媽耐心陪伴來協助孩子養成。孩子畢竟是孩子，在三年級之前，往往沒有辦法規劃「時間」，因此更需要父母協助培養安排功課的先後順序，以及時間的安排。過早要求孩子自己控制時間，卻沒有引導或陪伴，孩子往往學會的不是自主，而是挫敗。

透過爸媽的引導與安排，讓孩子自然而然感受到「控制時間」的好處。就讓我們用三步驟，幫助孩子培養出時間觀念吧！

一、建立時刻表

和孩子一起討論，建立時刻表，陪著孩子一起練習。特別是低年級的孩子往往還搞不清楚幾點鐘，提醒孩子現在幾點，還不如培養規律的習慣。孩子一定要先能「遵守時間」，才能學會「規劃時間」，所以爸媽不要太貪心，想一口氣就讓孩子自己練習，那只會挖洞給孩子跳。在時間安排上，建議以三十分鐘為一單位，而不是一個小時，這樣孩子比較容易成功配合。此外，也可以幫孩子準備一個大螢幕的「倒數計時器」，透過可以看到的數字，讓孩子更容易掌握時間。

二、作業不外加

在臨床上，有些孩子碰到功課就拖拖拉拉，其實並不是沒有時間概念，而是覺得老是有許多「額外」作業。孩子已經寫完學校的作業，就不願意配合家長另外出的作業，而導致親子間的衝突。對於孩子而言，只要是事先說好的，孩子比較願意配合。請不要因為孩子今天寫得比較快，剩下時間比較多，就「額外增加」一些作業，這樣孩子自然會覺得省下時間也沒用，當然就不願意規劃自己的時間。

三、分辨輕重緩急

在九歲以後，可以讓孩子練習「時間規劃」。但是在這之前還有一個重要的工作，就是要分辨「輕重緩急」。許多被誤認為浪費時間的孩子，並不是不認真，而是卡在小事情上。因為沒辦法分辨優先順序，就是照著聯絡簿上面的順序，埋頭開始苦讀，結果一整個卡住。這時可以先安排兩週的時間，和孩子討論好執行順序，再讓孩子自己安排時間，這樣比較有效果喔！如果孩子卡住了，請先忍耐著你的批評，幫孩子看一下順序有沒有需要調整，這樣才會有幫助。

給爸媽的小提示

隨著機票變得便宜，出國旅遊也越來越普遍，許多家長一到寒暑假就帶孩子出國旅遊，放鬆一下。但是，非常不建議爸媽在學期之間帶孩子出國玩，雖然機票會便宜很多，一家人加起來可以省下不少的錢，但是無形中卻破壞孩子的「時間觀念」，到時又責怪孩子，這不是在自找麻煩嗎？

情緒篇

胖虎並不壞
只是不能控制情緒

胖虎的力量大、身體壯，這是一種天賦，不該用來欺負別人，應該要用來保護朋友。其實，胖虎並不是一個壞孩子，只是不太會控制情緒。看胖虎照顧妹妹的樣子，既細心又溫柔，根本就是百分之百的好哥哥。明明就是同一個人，為何會有如此的性格差異呢？

胖虎因為天生孔武有力，常常想用力量來證明自己，讓大家都認為他最厲害。只要有人不以為然，馬上會挑起他敏感的神經，讓他感到憤怒與生氣。孩子生氣，有時不是因為脾氣壞，相反地，那是一種掩飾，想要隱藏自己的脆弱。例如有一次胖虎求助於哆啦A夢，希望大家能夠發自內心幫他慶生，而不是因為怕他才這樣做。由此可知胖虎的內心有多麼期望受到大家重視。

熟悉胖虎的人就會知道他的名言是：「你真的是我的知心好友。」雖然胖虎常莫名其妙生氣，讓人想躲開他，但其實他更需要別人理解。正因為大家都不能理解他的感受，只要稍稍被人理解時，他就會感動到痛哭流涕。

胖虎很暴力又會欺負人，大家都很怕他嗎？事實不然，大雄就很羨慕胖虎可以在團體中呼風喚雨，當孩子王。並不是因為胖虎很兇，而是胖虎擁有的領導能力。想想看，他只要講一句話就有二十個小朋友聽，一定是有他的本事。哆啦A夢也不否認，胖虎在「特定時刻」非常可靠，特別是道具再度失控時，大家第一個想到的人都是「胖虎」。

胖虎的問題在於過度喜歡「競爭」，凡事都想搶第一，不擇手段想當「最強的人」。一旦地位受到威脅，就會激發腎上腺素反應，而變得過度激動與生氣。不過，當他和妹妹在一起時，胖虎就不再是競爭者，而是一個照顧者。既然不需要競爭，就不會誘發出他的情緒反應，自然顯露出非常溫和的一面。

胖虎需要的對待方式並不是體罰，用打的打不出道理。想想看，在家裡最常被打的孩子不就是胖虎嗎？既然沒少挨打，受的處罰也不比別人少，為何胖虎還是無法改變呢？那是因為，胖虎最需要的是被大人理解、被朋友需要，才能找到自己的歸屬感，並且漸漸學會控制情緒喔！

❶ 我就是不會冷啊！

道具介紹 空調照片

胖虎是鐵打的身體，即使寒流來襲，還是一點也不怕冷。他總是嘲笑大雄是弱雞，結果全部的人都跟著一起哈哈大笑。大雄傷心地回家，哆啦夢拿出「空調照片」幫大雄解決問題。

只要對著人拍一張照片，這張照片接觸到的溫度，就會讓本人也感受到相同溫度，就不會怕冷了。只不過照片一定要收好，千萬不要隨便亂丟，如果丟到火鍋裡，就會變成「詛咒照片」囉！

狀況來了：就是不愛穿外套

孩子總是搞不清楚溫度，常常短袖穿一整年，即使寒流來襲也不知道要添加外套，每次爸媽一提醒，孩子還會不停說：「就不會冷啊！」最後只好強迫他們穿上。孩子究竟是固執？還是真的不會冷呢？

在四歲以前，孩子認為自己就是世界的中心，用自己的「感覺」來推論世界的運行，覺得所有人的感覺都一樣。到四歲以後，隨著生活經驗的累積，孩子漸漸在意別人的想法，也懵懵懂懂地開始理解他人心裡在想什麼。五歲是孩子同理心的萌芽期，可以感同身受他人的感受，而逐漸發展出道德概念。

這是一個正常的發展歷程，但有時卻會受到小小的干擾。當孩子的「感受」與眾不同時，一切可能就會變得不太一樣。「感覺」和「感受」雖然字看起來很相近，卻非常不同。同樣的感覺刺激，對每一個人的感受來說都不一樣，就像有人怕熱、有人怕冷，明明就是一樣的溫度，但是每個人感受到的溫度不一定相同。

絕大多數人的感受相近，可以輕鬆推論出他人的想法，並理解他人感受。有些孩子卻無法做到，因為他們的「感受」完全不同，就像胖虎一樣，完全不怕冷、不怕痛，就像鐵打的一樣。這種溫度對他來說算是沒有感覺，當然也就無法推論別人感受，更無法猜出別人想法，因而會出現嘲笑別人的情況。

孩子沒有「同理心」，不是情緒問題，而是生理問題。請不要怪罪孩子沒禮貌，也不需要內疚自己沒教好。孩子只是大腦對於感覺的詮釋與眾不同，他需要的是被包容與理解。孩子要學會了解自己，才能學會尊重別人，並減少在人際互動上的衝突唷。

給爸媽的話

不論是痛覺、溫度覺，都屬於皮膚的觸覺，不過觸覺反應可能和爸媽想的不同。人類的觸覺系統不是單一系統，而是雙重系統，包含了「保護反應」與「區辨反應」。

「保護反應」是一種原始系統，所有哺乳動物都有，負責處理有關生存的即時反應，例如踩到尖銳物品需要立即縮起腳來，避免腳底刺傷。這是一種立即的反射動作，由大腦直接反應，不需要經過意識上的判斷。

「區辨反應」是一種進階系統，只有靈長類動物才有，用來區辨物品的形狀、質地、樣式等，是需要進一步分析與組織的感覺刺激。就如同搭公車要投錢時，伸手進入口袋裡拿出十塊元，不需要用眼睛看，只要摸一摸就可以分辨是一元或十元。這是一種需要經由意識處理才能達成的高階動作技巧。

基本上，這兩種系統必須保持平衡，孩子才可以對外在環境刺激做出正確判斷。相反地，如果孩子的「保護系統」過強，就會對於無害的感覺刺激做出過於強烈的反應，甚至因為覺得受到「威脅」而出現動手攻擊的情況。往往等到出手後才發現自己打到人，因此被誤認為脾氣不好，甚至受到處罰。

但這樣的孩子需要的不是處罰，爸媽可以透過幫孩子做親子按摩，讓大腦重新學習了解「身體接觸」不是有害的，而是一種安全而舒適的感受。藉此循序漸進降低孩子的「觸覺敏感度」，孩子才不會常常小題大作地鬧脾氣喔！

跟著光光老師這樣做

遇到孩子有這種狀況，不是用道理來說服就好。就像是你不喜歡吃辣，就算別人和你說麻辣火鍋有多好吃，你一定也很難理解。孩子更是如此，就算他知道道理，但是明明感覺不是這樣，又如何配合呢？

這時爸媽要多一點耐心，慢慢地調整孩子的感覺，就像不敢吃辣的人，一天一點地增加辣度，也會漸漸開始能接受吃辣。針對這個問題，家長應做的第一步是尊重孩子的感受，了解孩子感覺上的需求，才能站在孩子的立場幫助他解決問題。

在要求孩子尊重別人之前，請先讓孩子有被尊重的感覺，這樣他就能學會被人尊重是舒服的、愉快的，才能進一步學會尊重別人。接下來就讓我們學著使用三種方式來引導孩子吧！

一、量化感覺刺激

溫度的感受很主觀，每個人都不一樣。當你說：「天氣變冷了，要穿衣服。」但如果孩子不覺得冷，還需要穿嗎？這時請不要讓自己陷入爭執的困擾中。溫度是一種容易量化的感覺，看著溫度計就可以知道。這時只要換句話說，就可以輕鬆解決。請試著和孩子約定：「二十度以下就要穿外套。」當有了一個客觀的指標，孩子就容易配合，而不會鬧脾氣了。

二、降低觸覺敏感

觸覺刺激有兩種：一種是輕觸、一種是深壓。輕觸比較像是搔癢的感覺，會讓孩子很興奮；深壓比較像是按摩，會讓孩子感覺穩定。所以在幫孩子做觸覺刺激時，記得我們要做的是按摩，而不是搔癢喔！建議按摩孩子的雙手與背部即可，這些部位是與同學相處時可能會碰觸到的地方，藉此幫孩子降低敏感。至於大腿和腳底本來就不會讓別人碰觸到，不需要刻意去按摩。如果孩子不會保護自己的身體，隨便讓人摸來摸去，也是不合理的唷。

三、培養同理心

在日常生活中，引導孩子多觀察別人的表情，可以透過表情來玩猜猜看。例如在外用餐時，可以藉由別人吃東西的表情猜猜看他在吃什麼？有什麼感覺呢？好不好吃？是辣是甜？透過觀察表情學會察覺他人感受，比較看看和自己喜歡的是否一樣。在猜謎遊戲中，可以讓孩子沒有壓力地學會如何察覺與判斷他人感受，即便猜錯也不會受到處罰。這樣推理與猜測他人感受的能力，正是孩子同理心的基礎喔！

給爸媽的小提示

逗孩子哈哈大笑，真的是非常有趣的事情，所以我們難免會喜歡搔癢孩子。但是如果孩子已經有「觸覺敏感」的狀況，對一點小小的刺激都會反應過度時，就請不要再玩搔癢遊戲了。不然孩子只要一看你手指拿起來就會進入備戰狀態，反而會讓觸覺變得越來越敏感喔！

❷ 就是沒笑臉

道具介紹 表情控制器

大雄班上有一個沒表情的臭臉妹，連笑都不會，因此沒有朋友。就算大家要一起去玩，也沒人敢約她。大雄覺得她好可憐，很想幫她的忙。

這時哆啦A夢拿出「表情控制器」，只要用天線對準目標就可以控制對方的表情，果然大家都願意和他交朋友了。不過大雄和哆啦A夢又闖禍了，因為臭臉妹平時太少笑，一次笑太多，居然害她笑到下巴脫臼了。

狀況來了：老是擺一副臭臉

孩子老是擺出一副「撲克臉」，好像對什麼都不滿意，真是會把大人氣炸。就連拍照要他笑都笑不出來，實在莫名其妙。明明看他玩得很開心愉快，但為什麼就是不喜歡笑呢？這樣會不會影響到他的人際關係啊？

「微笑」是一種天生的能力，也是人類獨特的天賦。在所有動物中，人類最喜歡微笑。為何人類喜歡微笑呢？這與演化有密切的關聯性。

相對於其他動物出生後不到一小時就會行走，人類的小嬰兒卻要等到一年後才能慢慢跨出第一步。如果從這個觀點來看，所有小嬰兒都可以算是早產兒。小嬰兒不能像剛出生的小猴子一樣緊抓住媽媽不放，無法跟著媽媽四處移動，因此演化出一個全新的能力，就是「微笑」。小嬰兒透過微笑來吸引成人注意，引誘大人過來抱起他，這也是他維持生存的一種重要功能。我們甚至可以說，微笑就是嬰兒的「擁抱」。

小嬰兒在四個月以前都是反射性的微笑，只要一看到臉孔的模樣（一個圓形，上面兩個孔，下面一個孔的排列組合），就會立即展開笑容，不論他是否認識這張臉。這時即使給他看一個保齡球，小寶貝也會露出微笑，因為這是維持生存必要的條件。

微笑擁有如此神奇的魔法，像是人際互動的潤滑劑，不僅可以吸引別人，也可以化解尷尬。有時只要輕輕一抹微笑，就算不用言語，卻有如遠距離的擁抱般讓人打從心裡感到被接納。微笑是不是很重要呢？

愛笑的孩子更容易惹人疼愛，如果你希望寶貝可以多微笑，最好的方式就是趁著寶貝小的時候多看他、多抱他、多對他笑。透過這樣親子互動的過程，就是在強化孩子對笑容的連結，長大後孩子自然會時時保持笑容。

給爸媽的話

我們最常犯的錯誤，就是誤認為「表情」和「情緒」百分之百劃上等號。如果一個孩子沒有表情，難道就沒有情緒嗎？當然不是。像是有些人為了讓自己更青春美麗，找醫生打肉毒桿菌，但是副作用就是表情肌肉僵硬、無法自主動作時，這時難道他沒有情緒嗎？

有些孩子天生表情比較少，所以很難做出適切的表情反應，常常不是誇張的大笑，要不然就是面無表情。這並非表示孩子心情不好，而是由於臉部表情肌肉控制不佳，無法適當表達出自己的情緒，甚至出現表錯情的情況。

當我們要幫別人拍照時，常會提示對方說「ㄑㄧ」，透過發音來誘發嘴角左右拉開，做出嘴巴微開、嘴角微提的動作，讓笑容變得比較自然。有時孩子會因為不小心用到太多肌肉，連脖子周邊肌肉都跟著出力，雖然嘴巴張開，但嘴角卻往下拉，看起來笑得很僵硬，甚至有點類似難過的表情。

孩子的表情少，並非情緒有問題，也不是故意要惹爸媽生氣，而是因為表情肌肉的協調不成熟。他需要的是更多練習機會，還有爸媽的示範。千萬不要過度責備孩子。當你越生氣，孩子就越緊張，表情只會更僵硬，又如何自然顯露出表情呢？

請幫孩子準備一面鏡子，帶著他多照鏡子，一邊認識自己的表情，一邊多練習微笑。也請爸媽以身作則，在家裡常保持笑容，孩子自然就能學會微笑喔！

跟著光光老師這樣做

希望孩子不要一直臭臉，最好的方式就是讓孩子多多練習表情。不知道你有沒有發現，孩子在四歲時都很愛做鬼臉呢？這不是因為孩子調皮搗蛋，而是他正在學習如何控制臉部肌肉，練習做出適當的表情。如果你真的不喜歡看到，只要和孩子說：「在爸爸媽媽前面，不要做鬼臉。」這樣就可以了。請不要過度禁止孩子的遊戲，反而讓孩子失去練習的機會。

當孩子的表情表達不佳，我們還可以用三個方式協助孩子克服問題。

一、減少看卡通節目

如果要讓孩子練習表情，你覺得看真人好，還是卡通比較好？卡通人物是簡化的表情，經常過度強調「嘴形」而非「眼睛」。如果孩子是透過卡通來學習情緒表達，常會出現表情過度誇大的狀況，反而害孩子容易被誤解。請讓孩子減少看卡通的時間，如果真的要看，也請爸媽跟著孩子一起看，這樣才會了解孩子究竟是不乖，還是錯誤模仿喔！

二、訓練表情肌肉

對於五歲以上的孩子，可以準備一個鏡子，帶著孩子一起練習如何控制臉部肌肉。我們可以分別練習幾個簡單的活動，幫助孩子練習表情肌肉的分節動作，讓孩子更容易作出適當的表情。

動嘴巴：發出ㄨ、ㄧ、ㄚ、ㄨ、ㄧ、ㄚ……的聲音，強化口輪闁肌的動作。這動作是在練習微笑的能力。

皺眉頭：練習將兩個眉毛靠近，讓眉間皺起來（但不可以皺起鼻子）。這動作與難過、生氣的表情有關。

皺鼻子：讓鼻子上的肌肉皺起來。這練習與生氣的表情有關。

抬眉毛：練習將兩個眉毛抬起。這與驚訝、驚喜的表情有關。

三、加強情緒詞彙

東方文化本來就比較含蓄，因此在表情的表達上也是如此。如果孩子的表情比較少，爸媽不需要過度擔心。我們可以換一個方式，讓孩子用口語表達出自己的心情。透過對情緒詞彙的理解，讓孩子正確傳達出自己的心情，當孩子的情緒有了傳達的媒介，就不會看起來悶悶不樂，也會更願意自在表達情緒。只是要特別提醒爸媽，千萬不要教導過度強烈的情緒詞彙，例如：憎恨、怨恨…等，以免孩子誤用而陷入麻煩。

給爸媽的小提示

家庭是一個避風港，一個安全的地方，在這裡不需要過得戰戰兢兢。請記得，孩子無法脫離家庭長大，他的情緒是與爸媽連在一起的。當你開心，孩子也會開心；當你焦慮，孩子也會跟著焦慮。

試著別把工作的壓力帶回家，才能讓孩子快快樂樂長大。

③ 一點小事就鬧脾氣

道具介紹　感情能量筒

哆啦A夢有個神奇道具「感情能量筒」，可以吸收人類的感情，轉換成電能，這樣就可以讓家電正常運作，又不用花電費。這實在太好用了，如果可以把電能存到電池裡，這樣遙控車就不用再買電池了。那要找誰才能製造最多的能量呢？大雄和哆啦A夢不約而同想到愛生氣的胖虎，一定可以把這一大箱舊電池全部充飽電吧！

狀況來了：孩子就是愛生氣

孩子很容易生氣，一點點小事也可以鬧情緒，整天都得小心翼翼不要踩到他的地雷，不然一下子又大鬧起來。孩子的情緒有時就像坐雲霄飛車一樣上上下下的。究竟應該順著他，讓他不要生氣，還是要處罰他，讓他學會控制情緒呢？

有看過《怪獸電力公司》嗎？這部卡通電影中的怪獸們在夜裡去嚇孩子，就是為了收集驚嚇時產生的情緒能量。這其實是一個非常好的比喻。

不知道你有沒有發現？有時就算你玩得再累，做了很多事，但心情很好，然而只要孩子一惹你生氣，即使你沒做什麼事也會覺得很疲累。「累」並不是因為體力上的支出，而是情緒上的波動造成的。因為情緒本身就是一種能量。對孩子來說也是如此，孩子每次發脾氣大鬧一番，隨著能量大量消耗，冷靜之後會馬上昏昏欲睡。在孩子能量過剩時，用適當的運動來消耗孩子的能量，就可以減少孩子鬧脾氣的機會。不需要強制壓抑讓他乖乖不動，即使孩子這樣配合忍耐，大概也只能撐過一星期而已。

想想看，當我們心情不好的時候，有人會選擇一個人去看電影，讓自己擁有獨處的時間；有人會選擇去體育館，透過運動流汗來宣洩不滿；有人會在網路上購物，找尋新奇商品用力給它買下去；這些都是自我調適的策略。但是孩子年紀還小，他們沒有足夠的策略幫助自己。

情緒就像水流，一定要有宣洩的出口，不能用壓抑去圍堵，不然會有大爆發的一天。讓孩子培養固定的運動習慣，將過於旺盛的能量用適當的方式消耗掉，才能增加他們的情緒穩定度。

給爸媽的話

我很喜歡《腦筋急轉彎》這部卡通電影，裡面說到不論開心、難過、生氣、討厭，都有它的意義。當孩子很難過時，不論如何開心地對他笑都無法安慰到他；相反地，只要能感同身受地陪他一起傷心，卻可以讓他感到安慰，反而更容易讓他平靜下來。

生氣也有它的正面意涵，就是要保護我們的生命安全，特別是在危機四伏的原始環境中，隨時要為生存奮戰。然而，現代的生活相對來說比較安全，生氣反倒變成是人格上的缺陷了。生氣是一種情緒，不是十惡不赦的錯誤，它甚至是必要的保護反應。所以請別要求孩子「不可以生氣」，因為不僅孩子做不到，就連大人也做不到，不是嗎？

可是，孩子生氣時難道不需要被處罰嗎？我們的內心或許經常陷入這樣的困境，似乎只有「壓抑」或「放縱」這兩個選項，但這兩個選項都不對，不論是大發雷霆痛打孩子一頓，或是讓孩子恣意釋放怒氣，特別是四歲以下的孩子，越生氣只會讓他越來越有脾氣。

這問題的關鍵不在「情緒」，而是「行為」。孩子確實可以生氣，但是必須知道「哪些行為是不被允許的」。這不是在限制孩子，而是保護。想想看，當孩子習慣使用錯誤的情緒表達，在家裡我們還可以包容，但是到了外面世界卻不是如此。

就讓我們試著改變說法，不要把「不可以生氣」掛在嘴邊，換成「生氣時不可以做什麼」吧！

跟著光光老師這樣做

面對愛生氣的孩子，我們要做的是減少他生氣的頻率，再將重點放在讓孩子學會如何冷靜。孩子可以生氣，但是不應該一生氣就鬧上一小時，時間的長短才是問題的關鍵。

想想看，在學校一堂課只有四十分鐘，如果孩子發脾氣卻不能在十分鐘內冷靜下來，在學校的生活就會遭遇困難。這時可以透過以下的協助和引導，讓孩子學會控制情緒。

一、轉移注意力

四歲以下的孩子對自己情緒的察覺不佳，只會覺得心情不舒服，卻搞不清楚是生氣或難過，往往一發脾氣就大鬧一場，全然不清楚究竟是什麼原因。這時，請不要問孩子原因，因為他根本無法詳細說出來。一再地詢問原因只會反覆提醒他不舒服的感受，當然就越鬧越兇。可以試著在孩子剛要發脾氣時，幫孩子將注意力與情緒轉移到其他事物上，也就比較不會鬧脾氣。

二、離開當下

對於感官較為敏感的孩子，在吵雜而擁擠的環境下很容易感到不舒服。想想看，如果家裡樓上正在裝潢，不時傳來「答答答……」的電鑽聲，你會不會覺得脾氣特別差？孩子也是如此，如果是在吵雜的環境下鬧脾氣，請不要急著和他講道理，而是應該盡量快速離開現場，先帶到相對安靜的地點，給予孩子三到五分鐘的冷靜時間，再和孩子溝通。這樣不只孩子容易聽得下去，大人也比較不容易被引發出情緒反應。

三、縮短時間

孩子在四歲以前，因為情緒控制尚未成熟，更需要大人的安慰才能控制情緒。等到五歲時，就要給孩子足夠的空間，學會自己冷靜下來。當孩子生氣時，可以幫孩子注意一下，看看他能不能漸漸縮短鬧脾氣的時間。如果他鬧脾氣時有越來越可以控制自己的跡象，有試著讓自己盡快平靜下來，這時也請不要吝嗇你的鼓勵。你可以和孩子說：「雖然你有生氣，但是越來越快冷靜了。」這樣的話語對孩子來說是種鼓勵，讓孩子願意嘗試控制情緒。此外，也可以給孩子一個「沙漏」，讓孩子學習在沙漏漏完前冷靜下來喔！

給爸媽的小提示

小小孩鬧脾氣還有另一個原因，就是累過頭。小小孩想玩的慾望常常會超過自己的體力，所以一不小心就會累過頭。當他要睡也不是、要玩也不對，就會一整個鬧情緒。爸媽要當個稱職的協助者，預估孩子的體力，適時幫孩子踩剎車。不應一味尊重孩子的想法，卻讓孩子累過頭喔！

我永遠是對的 ❹

道具介紹 道歉蚱蜢

胖虎的字典裡沒有「對不起」三個字，只要大雄要求胖虎道歉，胖虎馬上像是眼珠要冒出火花一樣盯著大雄，害大雄不敢再吭一聲。在大雄的印象裡，好像只有胖虎的媽媽擰著他的耳朵時，才會聽到胖虎說「對不起」。

遇到死不認錯的胖虎，只能靠哆啦A夢拿出「認錯蚱蜢」，才得以讓胖虎感到愧疚，並好好反省了自己的錯誤，甚至一直找人道歉呢！

狀況來了：就是不說對不起

孩子犯了錯老是不承認，總有一大堆理由或藉口，一下說是別人的錯，一下假裝不知道，就是不能心甘情願地說聲：「對不起。」明明只要說出「對不起」三個字就能解決問題，最後還是要爸媽用生氣的語氣才能讓他勉勉強強說出口，真是讓人傷透腦筋！

但孩子不說「對不起」，不是因為他不認錯，而是輸不起。回想看看，孩子在兩歲時是不是很輕易就能說出「對不起」？為什麼到了三歲要他道歉卻很困難？

不是孩子不乖，而是他的「自信心」開始萌芽了。孩子知道自己還是「小孩子」，一心一意想趕快長大，想變得厲害，但因為還沒有足夠的自信，於是為了保護自尊心，一旦被責備，就會激起想保護自己的情緒，而出現哭鬧反應。

四歲左右是高峰期。這時期即便你沒有真正責備他，但只要孩子自己覺得表現不佳，就會馬上引發情緒起伏，而出現推卸責任並將錯誤怪罪給別人的情況。五歲時，孩子非常在意公平性，只要覺得別人也有錯，就會拗在那裡不動，始終不願意說出那句話。這樣讓爸媽尷尬的時期會持續到五歲半，隨著孩子發展出「情緒控制」能力，這種情況也會漸漸減少。

想想，胖虎媽媽常拿著一根棒球棍要教訓犯錯的胖虎，胖虎鐵定沒有少挨打過，為什麼還是不願意認錯？當你拿起棍子處罰孩子時，理由是什麼呢？如果是因為他做錯事該打，同樣的，如果別人犯錯時，孩子也可以這樣處罰別人嗎？孩子如果因為這樣的「錯誤連結」而出現攻擊行為，到時不是更讓人頭痛？

給爸媽的話

孩子不願意說「對不起」，是擔心自己不好。他想要保護自己脆弱的內心，才會出現抵死不從的行為。這時，要讓孩子說出「對不起」，最重要的一點就是不要再一直強調對錯。

當你在氣頭上，你的大腦可以冷靜思考並承認錯誤嗎？孩子也是如此，更何況他們還不會控制自己的情緒。所以第一步驟是要讓孩子的情緒冷靜下來，先承諾不會處罰他，才可以要求孩子說「對不起」。

孩子不願意說「對不起」，經常是覺得自己沒有錯。孩子世界和成人不同，他的對錯是絕對值，沒有一點灰色地帶。大人的「對不起」不一定是因為犯錯，有時是基於禮貌。但是這個模糊不清的狀態，就是最容易產生親子衝突的原因。

思考一下，當你準備走進商店，門前剛好有人低頭看著手機擋到你的路，雖然你沒有做錯事，但卻會隨口說出：「對不起，借過一下。」因為這是一種禮貌。要讓孩子可以說出「對不起」，最好的方式就是不要過度強調「對錯」，而要強調這是禮貌。

中文的「對不起」包含兩種含義，但相對來說，英文就比較精確地分辨了這兩種情境。如果自己冒犯到別人時，就應該說 Sorry；如果只是基於客氣，就應該說

Excuse me。

爸媽也可以運用這樣的小技巧，讓孩子願意說出英文的「對不起」，既保護到孩子的自信心，也不會讓大人沒面子，自然就能減少衝突。

跟著光光老師這樣做

我不建議使用嚴格的處罰逼迫孩子說出「對不起」。如果硬將孩子的嘴巴撬開，勉強從喉嚨裡擠出那三個字，但孩子不是誠心道歉又有什麼用？最後，對方還是不願意原諒，反而會讓孩子更挫折，日後更不願意說對不起。

要讓孩子知道，說出「對不起」這三個字不會讓他受到處罰，也不會被嘲笑，這樣孩子才願意說出口。此外，還有以下三個重要的原因也會讓他們不願意說對不起，了解後就更能知道如何引導孩子了。

一、過度強調競爭

隨著現在工作競爭激烈，爸媽也常常過度強調競爭，卻忘記教導孩子合作的重要性。如果孩子在團體中過度喜歡競爭，凡事都想贏過別人，雖然很有鬥志，即使為了贏得「比賽」而出現推擠的動作，他也不認為自己有錯，這樣就容易引起人際上的衝突。如果孩子不願意說對不起的狀況都發生在競賽活動中，這時爸媽就必須思考，應該減少孩子生活中的競賽頻率或手足間的比較喔！

二、過度強調公平

五歲的孩子特別在意公平性，犯錯時即使覺得自己不對，但對方和他一樣有錯的話，他就會拗在那裡不願意道歉。這時只要讓兩個人互相說聲「對不起」，就可以解決紛爭。公平性確實很重要，但也沒有那麼神聖，並不是所有東西都要一人一個才公平。生活本來就沒有百分之百的公平，不需要特別灌輸公平性的概念，不然孩子反而更難融入團體生活。每個人的需求不同，喜好也不同，學會尊重別人，比強調公平性更加重要。

三、表情傳達錯誤

人們在傳遞情緒時，不只靠語言詞彙，「非語言的表達」有時反倒更重要。當我們道歉時，除了嘴巴必須說出「對不起」之外，還要配合臉部做出愧疚的表情，才能顯現出道歉的誠意。但有些孩子的表情傳達效果不佳，無法適當表現出愧疚，這樣的道歉就很難成功。由於失敗經驗的累積，導致孩子覺得說了也沒用，之後會越來越抗拒說「對不起」。在這種狀況下，可以讓孩子看著鏡子多多練習表情肌肉的控制，雖然是繞一段遠路，但反而更容易成功喔！

給爸媽的小提示

當孩子陷入情緒起伏時，最重要的不是強調道理，而是讓孩子學會如何平靜下來。請不要陷入「誰對誰錯」的堅持陷阱中，結果變成爸媽和孩子間的爭執，反而模糊了事情的焦點。請先在孩子耳邊溫柔地說些話，讓孩子了解不會被處罰，再請孩子好好地說聲「對不起」吧！

⑤ 超強破壞力

道具介紹 超人手套

「超人手套」是哆啦A夢經常使用的道具，也叫超級手套、力量手套。不要小看這平凡無奇的手套，只要戴上它，就可以發揮很大的力量，要舉起一個成年人也不成問題。

可是，大雄即使戴上超人手套，和胖虎比力氣居然差不了多少，胖虎真是擁有天生神力，難怪他每次一出手，被打的人不是抱頭鼠竄，就是痛得大聲呼喊、痛哭流涕啊。

狀況來了：孩子會動手打人

孩子跟朋友一起玩，不到十分鐘就吵了起來。不是互相打小報告說被打到，就是生氣和同學吵架，搞得老師和爸媽很頭大。剛剛明明還玩得開開心心的不是嗎？

為什麼就是不能控制自己的情緒，總是要動手動腳呢？會不會孩子有暴力傾向啊？

孩子的攻擊行為，通常好發的時間點有兩個，分別是一歲半和四歲。一歲半時，孩子無法了解自己與他人想法不同，當別人的決定與自己有出入時，就很容易鬧情緒。此時孩子由於自我意識萌芽，但語言表達跟不上，一旦發生衝突無法解決，就會出現無理取鬧而胡亂揮舞手腳的行為，甚至引發攻擊。這時的攻擊行為除了出手打人之外，有時還會咬人。

爸媽要記住，孩子此時語言表達尚未成熟，請不用和他說大道理。孩子年紀尚小，無法理解「因為……所以……」的複合句型，講太多只會讓孩子困惑，更弄不清楚狀況。

另外要注意的是，不要動手打孩子，倘若大人特別強調孩子「做錯事了，所以打打」，孩子也會認為只要別人做錯事，就可以出手打他，這樣反倒讓孩子的攻擊行為變多。爸媽只需要嚴肅地看著孩子，肯定地說：「不可以。」這樣就好。

四歲時，孩子發展出「權力慾望」，希望可以在團體中取得主導權，因此在互動時就容易出現爭執。和朋友一起玩遊戲時，變得想要主導遊戲方式，並期望別人來配合。但是由於技巧尚未成熟，就容易發生爭吵或推擠；特別是覺得自己被欺負、誤會的時候，會出現打人、踢人的動作，甚至有報復對方的行為。

這時，第一件事情是將孩子們分開，讓孩子先冷靜下來。不要急著處罰孩子，也不要說大道理。陷入情緒中的孩子沒辦法思考，要溝通請等孩子平靜下來再說。不要認為孩子還小，只是頑皮了點，沒有關係，倘若此時不處理，等到日後長大習慣成自然，就必須花更多時間改正了。

給爸媽的話

孩子會推人、打人、咬人，在處理上最重要的是找出「關鍵」，而不是高壓處罰，不然孩子往往會誤認為是朋友愛告狀才害自己被罰，甚至演變出報復行為。

孩子的攻擊行為可以分成「工具性」和「情緒性」兩種。「工具性」攻擊行為是把攻擊當作一種工具，藉以達到特定目的，例如想要他人的玩具就動手打人。這種行為並非由情緒誘發，可以找出特定目的。在三歲以前，孩子的攻擊行為大多屬於這種類型。

「情緒性」攻擊行為是由情緒失控所引起，加上過度衝動而無法控制自己的行為。例如有些孩子玩遊戲輸了，別人在開心歡呼，他因為感到被嘲笑而動手推人。孩子受到情緒誘發，無法當下立即說出生氣的原由，乾脆直接做出攻擊。

行為引發的原因不同，處理的方式也就不一樣。針對「工具性」攻擊行為，我們可以教導孩子更好的策略，讓孩子學著改變自己的行為。當孩子發現「新工具」更有效，自然就會改變自己，而不再出現攻擊的舉動。

針對「情緒性」攻擊行為，我們可以運用活動設計來避免團體互動中的衝突，例如避免分組競爭、減少身體接觸……。透過改變活動規範，幫孩子先避免可能的衝突，減少情緒波動，有效降低攻擊行為出現的頻率。

跟著光光老師這樣做

在臨床上，會出拳動手的孩子常常覺得自己才是「受害者」，認為自己被誤解、冒犯才會動手。最常導致的原因是「身體界線不佳」、「力量控制不佳」和「反射動作過強」，孩子雖然動了手，但真的不是故意的。當然，被打的人一定不會這樣認為，於是彼此各堅持己見而吵架，最後變成互相推擠的混亂。

處理上，不是包容也不是處罰，而是要從最根本的原因來幫孩子慢慢改變。就讓我們來認識一下這些原因。

一、身體界線不佳

對於自己身體的範圍，在察覺上有困難，這樣的孩子常常莫名其妙撞到東西，自己卻一點感覺也沒有。有時腳會踩到別人，要別人提醒才恍然大悟。在團體遊戲時常撞到人，卻因無法察覺而不願意道歉，甚至出現爭執。當大家一起指責他，他會變得生氣而有攻擊行為。針對這樣的孩子，年紀比較小的可以讓他多玩鑽山洞、攀爬架等遊戲，增加孩子對自己身體範圍的察覺。年紀較大的孩子，可以要求他在遊戲時與同學保持適當距離（約一個手臂長），以免不經意地碰撞引發衝突。

二、力道控制不佳

孩子都希望自己很厲害，不論是年紀、身高、力量都可以拿來比較。有時孩子會誤以為「只要力量大，就是最強」，所以刻意不去控制自己的力量。和朋友一起丟球時，為了展現自己很有力，會卯足勁地投擲，當然就容易打傷朋友。由於力道控制的能力不成熟，他們常常一開始和朋友玩得很開心，沒過一會兒就因為用力過度弄痛了別人，而被視為攻擊舉動。這時，可以讓孩子練習一些需要控制力量的活動，像是投籃、套圈圈等，學會控制好力量大小。此外，不要刻意稱讚孩子力量大，要引導他們學會控制才是。

三、反射動作過強

人類為了維持生存，天生設定出一些動作程式來自我保護。這些天生的程式不需意識控制，只要有刺激就會立即反應。像是風吹到眼睛，我們就會立即閉上眼，以免沙子跑進去；這完全不需要思考，依靠的是「眨眼反射」作用。隨著孩子動作能力成熟，這些原始的反射動作會漸漸整合而逐漸消失。但有些孩子的反射動作太強，只要別人輕拍一下他的肩膀，他就不自覺回手一推，當然會讓別人感到不愉快。偏偏他自己不覺得推了人，最後難免演變成互相生氣的局面。關鍵點並不在於他有沒有動手，而是要如何降低他的反射動作，或是學會察覺自己的行為。這時可以讓孩子多練習撐手、攀爬、游泳等動作，促進孩子的協調度，有效抑制原始反射動作。相反地，有這種狀況的孩子就比較不建議加強足球、棒球等活動喔！

給爸媽的小提示

當小小孩被欺負時，請不要教他：「你就打回去！」如果他聽你的建議真的打回去，確實一時可以保護自己不被冒犯，但到了四歲就會衍生出新的問題。比如和朋友討論要玩什麼卻發生衝突時，很容易會出現攻擊的舉動。帶孩子不應只看眼前的事，而是要預期到日後對孩子的影響喔！

就是不原諒 ⑦

道具介紹 算了算了棒

胖虎每次遇到一點小事就生氣，而且都不願意原諒別人。不管等多久都不會消氣，真是超級可怕。大雄把胖虎的書弄髒了，他一定又會被揍。只好拜託哆啦A夢幫幫忙。

哆啦A夢拿出「算了算了棒」。只要用這個棒子摀住對方的嘴，再說聲「算了算了」，即便再生氣的人，也會立刻平靜下來原諒對方。只不過，如果一直用在同一個人身上，那個人最後還是會當場爆炸的。

狀況來了：不肯原諒別人

孩子就是愛小題大作，又愛亂告狀，常常得理不饒人。一件小事明明沒有什麼，卻把事情鬧得很大。即使對方都已經低頭道歉，卻又不肯原諒別人，只顧自己生悶氣，弄到大家都不喜歡跟他一起玩。是這孩子個性不好，還是哪裡有問題嗎？

不肯原諒別人的狀況，常在五歲時出現，這時的孩子特別注重「公平性」，什麼芝麻小事都在意得不得了。這不是孩子愛計較，而是他處在發展「自我控制」的過渡階段。

此時，孩子開始學習如何控制「慾望」，不像四歲時吵著馬上要，而是可以等待一段時間。由於需要非常努力才能控制自己的慾望，這時如果看到別人不努力，就會覺得不公平而引發負面情緒。

也因此，孩子此時常會出現打小報告、愛告狀等舉動，常要老師或爸媽來主持公道。如果大人忽略孩子的抱怨，有時孩子就會出現想「處罰」別人的舉動，當然也就被視為有不適當行為。

「起因」是別人犯錯，「結果」是自己被處罰，不覺得怪怪的嗎？孩子也這麼覺得，所以會感到困惑而不願意配合，然後一整個拗在那裡，更加不願意原諒別人。這時請不要過度責備孩子，不然只會出現反效果。只要孩子沒有出手攻擊或讓別人受傷，就不需要過度反應，應該給孩子多一點時間、多一點包容，看孩子如何和朋友達成共識。

大約六歲左右，孩子開始能在堅持與妥協中找到平衡點，學會分辨大事和小事的差別，在可以更成熟地控制情緒以後，這種情況會慢慢減少。我們可以帶著孩子練習說：「沒關係，只是一件小事。」讓孩子漸漸不再斤斤計較，學會寬容地對待別人。

給爸媽的話

「爭執」往往來自於彼此認為自己是對的，兩個人都堅信自己正確，這樣就算吵上一整天，最後一定還是無解，唯一的答案只有「原諒」。

我們常常過度在乎「對錯」，卻忘記教導「原諒」。在教養的過程中，如果過度嚴格管教，不論事情大小只要犯錯就大聲斥責，只會讓孩子戰戰兢兢地生活，雖然比較不會犯錯。卻養成斤斤計較的性格，凡事愛鑽牛角尖，當然也就喜歡告狀、抱怨別人。

要孩子學會原諒別人，先要讓孩子有被原諒的經驗。如果孩子犯了錯，即便向爸媽道歉也不被原諒，依然會受處罰，孩子當然無法體會原諒的好處，又如何會想原諒別人呢？對孩子的小錯誤多一點包容，多一點耐心，讓孩子有被原諒的機會，這比你說一百次、一千次要原諒別人更加有用。

「寬容」是一個常被誤解的詞。原諒別人的錯誤，不是退縮，也不是懦弱，而是一種互利。畢竟人都會犯錯，如果你犯了錯，別人一定要處罰你，你會開心嗎？今天我原諒了你，下次我不小心犯錯時，你也可以原諒我，就在這樣彼此互利的過程中，孩子才能學會原諒別人，並逐漸發展出「道德觀」。可見「原諒」是件多麼重要的事，卻常常被我們遺忘。

我們可以教導孩子，有些小事不要斤斤計較，一直處在思考公不公平的漩渦裡，只是不停在懲罰自己。要懂得原諒別人，就像自己犯錯時也希望獲得別人原諒一樣，才能學會互相體諒喔！

跟著光光老師這樣做

不懂適時原諒別人，也同樣得不到別人原諒，這樣會養成霸道、蠻橫、自私、無情的習性，在團體中也容易被孤立，日後肯定吃大虧。孩子堅持不肯原諒別人時，不要急著責備孩子，而是先肯定孩子的「努力」，承認孩子有遵守規則，再去指正他的「行為」，提醒他不要有處罰朋友的舉動和想法。當孩子獲得肯定，自然就卸下心防，也才能聽進你給的建議。

「原諒」是一種自律，也是「情緒控制」的開端，但在現代生活中，卻常常被遺忘。孩子為何脾氣越來越差，越來越不聽大人說話，是因為我們忘記教孩子學會原諒。就讓我們用三個好策略，來幫助孩子渡過這種討人厭的尷尬。

一、學會幽默以對

先學會原諒自己的錯誤，才能進一步原諒別人。「幽默」就是化解尷尬的好方式，讓自己可以脫離情緒的糾結。多和孩子分享一些生活趣事，嘗試和孩子說些笑話，培養孩子的幽默感。讓孩子了解「開玩笑」和「被作弄」的差別。對於一些無傷大雅的玩笑話不要太認真，孩子自然也能從負面情緒中脫離出來，比較不會愛計較、愛告狀。

二、猜別人的想法

發生衝突時，孩子常以自我為中心思考，陷入自以為是的困境中，無法體諒他人的感受。這種情況下，不應把孩子當作「嫌疑犯」一味地強調對錯，這樣只會誘發孩子的保護反應，把錯誤推給別人，而是應該帶著孩子猜猜看別人在想些什麼、有什麼感覺。透過大人的引導，讓孩子一步步學會察覺別人的感受。這是同理心的基石，也是情緒理解的起源。

三、增加解決問題的能力

當孩子們出現爭執時，不要直覺認定孩子就是脾氣不好，更可能是解決問題的能力不成熟。因為無法用適當技巧來解決問題，才會出現情緒反應。對於五歲以上的孩子，不要因為大人的面子問題立刻處罰孩子，也不是直接給予命令。爸媽可以嘗試用角色扮演的方式來和孩子一起想出三個解決辦法，看哪個辦法最恰當。養成習慣後，孩子在處理問題前就有能力先思考他人感受，而學會寬容對待別人。

給爸媽的小提示

生氣是一種很強烈的情緒，卻不一定可以解決問題。因別人犯錯而生氣，更是用別人的錯誤來懲罰自己，讓生理與情緒都陷入緊急狀態，而耗費大量能量。原諒別人的錯誤，不只是種利他的行為，更是維持自己情緒平衡的利己行為。

7 不會看人臉色

道具介紹 讀心頭盔

大雄真的超不會看人臉色。棒球比賽時，胖虎因失誤輸掉比賽，大家都不敢說話，只有大雄一個人在笑，結果就被胖虎揍了一拳。沒有人敢安慰大雄，小夫還笑他沒長眼睛。

哆啦A夢拿出「讀心頭盔」，可以心電感應到別人的想法，這樣就不會搞不清楚狀況了。可是有個小缺點，帶著頭盔走來走去也太顯眼了吧！

狀況來了：不懂察言觀色

孩子不會看臉色，明明別人在生氣，還常常搞不清楚狀況，依然嘻皮笑臉，真的會把人氣昏頭。做事不分場合，一定要等到別人發火才知道事態嚴重。為什麼孩子就是不能管好自己的嘴巴，不能試著搞清楚狀況，一定要那麼白目呢？

對孩子來說，情緒判斷是一種學習的過程，也需要爸媽引導。「情緒」並非天生，而是由後天經驗的累積而逐漸分化出來。雖然，我們常說「喜怒哀樂」四種情緒，但是小嬰兒天生只有「舒服」和「不舒服」兩種情緒。「舒服」時，寶貝就會露出笑容；「不舒服」就會哭鬧。

寶寶四到六個月大時，在「不舒服」中又會分化出「生氣」和「難過」兩種新的情緒，透過不同的哭聲傳來。在八至九個月時，也會出現「恐懼」的情緒，在害怕陌生人或媽媽離開的時候。當孩子四歲時，常會陷入「嫉妒」的情緒，隨著克服這個不舒服的情緒，昇華出「羡慕」的情緒。情緒就是這樣一步一步分化，衍生得更為細緻。

寶貝在出生時就很喜歡看著人笑，也可以分辨爸媽是處於「舒服」或「不舒服」的情緒中，但這不是指孩子已經可以細分情緒了。當要求孩子說出自己情緒時，孩子常會過度簡化，例如三歲時，孩子會將所有正向情緒都說成高興；所有負向情緒都用難過或生氣來形容，甚至常常將兩者混淆。四歲以後，孩子才懂得使用害怕來描述負面情緒。

爸媽在生活中越常與孩子分享心情和感受，孩子分辨情緒的能力會越高，也越能有效率地判斷他人的情緒。

給爸媽的話

孩子不會故意白目害自己被處罰，只是他們看不懂表情。因為無法正確察覺別人的情緒，做出了錯誤的選擇，才會經常表錯情、會錯意，搞得別人在生氣了，自己還不知道。

我們常覺得「溝通就是說話」，但是在溝通中，語言表達只佔了百分之三十，非語言表達卻佔七十。同樣一句話，搭配不同的情緒常有天與地的差別。想想看，你在公園中微笑地對孩子說：「你再跑啊！」肯定是在鼓勵孩子繼續跑步；相反地，當你生氣皺起眉頭說：「你再跑啊！」其實意思是要孩子「馬上給我停下來」。我們常常在意孩子是否聽得懂句子，卻忽略了孩子是否看得懂表情，自然就會出現教養上的衝突。

對於「情緒察覺」比較弱的孩子，在與他們溝通時，請盡量不要使用「反話語氣」（也就是少用語調來提醒孩子，要求孩子不要去做我們正在說的事）。由於無法正確判斷，又加上恐懼的雙重影響，反而會造成他順著大人的話去做，而惹得大人更生氣，孩子也會因此感到更加委屈受挫，之後甚至會演變成遇到事情出現猶豫不決、難以決定的情況。

就從我們開始練習改變，不要再只是對孩子擠眉弄眼、要孩子猜我們的心思，而是應該試著把心情說出來，讓孩子更容易了解與配合。

跟著光光老師這樣做

「情緒察覺」是一個學習的歷程，不是寫在課本裡的知識，而是需要生活中的經驗累積。不論是過於嚴格地壓抑孩子的情緒，或是溫和地順著孩子的脾氣，都會讓孩子缺乏練習的機會，也就無法分辨情緒之間的差異。

聽起來好像很複雜，但實行起來很簡單，只要運用以下一些小遊戲就可以了。讓我們帶著孩子一起練習「讀心術」，幫孩子的情緒發展打好基礎。

一、習慣看別人

和我們想像的不同，情緒不是一直存在臉上。由於社會化的關係，「真實情緒」只會在我們的臉上短暫存在一、兩秒。想想看，我們是不是經常皺著眉頭看孩子一眼，然後展開笑容地說：「我好好跟你說。」請問這時你是生氣，還是開心呢？如果孩子不習慣看人臉，常常就會抓錯訊號以為你很開心，當然就依然嘻皮笑臉。我們可以和孩子玩一個簡單的小遊戲，彼此互看對方的眼睛，誰先笑誰就輸了。透過遊戲讓孩子練習看著別人的眼睛而不害羞，也比較容易抓到別人的情緒。

二、猜別人表情

通常我們會教孩子在別人生氣時，要學會保持距離；當別人難過時，要學會安慰別人。如果孩子無法正確分辨「生氣」與「難過」時，往往會導致人際互動的衝突，甚至被貼上白目的標籤。隨著智慧型手機的流行，大家都很喜歡自拍，這時爸媽可以用手機多拍一些半身照片，演出五種不同的表情，包括開心、生氣、難過、恐懼和驚訝，然後讓孩子練習分類，自然學會如何分辨情緒。再來可以在網路上找更多照片讓孩子練習判斷，並且鼓勵孩子說出為什麼。這個遊戲建議在孩子大班以後再開始玩喔！

三、情境與情緒

同樣的表情，在不同情境下也可能代表不同的含意，例如一個孩子看著媽媽，一副愁眉苦臉的樣子，這可能是孩子被媽媽責備而難過。但是如果加上一個咬了一口的花椰菜，卻代表另一個意思，表示孩子看到花椰菜就感到噁心。必須配合環境中的細節，搭配上對方的表情與舉動，才能正確了解別人的情緒。爸媽可以在生活中引導孩子觀察別人的表情，猜猜看別人在想什麼。例如排隊很無聊時，可以觀察路人的表情，猜猜看正在打電話的叔叔現在想什麼？即便是孩子天馬行空地回答，也不要糾正他，而是要引領他找出新線索，假裝自己是個小偵探，這樣孩子就會越來越願意練習了。

給爸媽的小提示

孩子要先學會察覺自己的情緒，才能察覺到別人的情緒。當孩子不太會判斷表情時，也請爸媽不要太擔心。這本來就是發展的必經過程，只是有些人快，有些人慢。讓孩子有多一點練習機會，就會慢慢發展出來。

8 為什麼媽咪會生氣？

道具介紹 測試反應機器人

大雄這次考試很努力，終於沒有考零分，想找媽媽要零用錢。剛好隔壁阿姨來串門子，大雄依然吵著要零用錢，結果讓媽咪大發雷霆。大雄很委屈，明明說有努力就有零用錢的，媽媽為什麼還生氣？

哆啦A夢拿出了「測試反應機器人」，只要在機器人臉上畫上對方的臉，機器人就會扮演那個人，連個性和反應都一模一樣。這樣就可以在不被罵的情況下，先試試哪種說法才要得到零用錢了。

狀況來了：得罪人也不知道

孩子常常說些五四三的話，得罪了人也不知道，讓爸媽超級尷尬。說話分不清楚場合，已經惹人生氣了，還覺得自己表現得很好。問他知不知道哪裡做錯，竟然露出很委屈的表情，覺得是別人太愛生氣，真是讓人超級頭痛！

其實孩子到四歲時，才可以察覺別人的想法，這時孩子隨著心智能力的發展進入了一個新的階段。最初是從吃的慾望開始，他發現有人喜歡吃甜甜的蛋糕，有人卻喜歡喝酸酸的檸檬汁，因而理解到每個人的喜好可能不一樣，也會做出不同的選擇和決定。

但是這時孩子只能判斷出別人的情緒，卻不清楚背後的原因。就像被媽媽叫住，看媽媽的臉就知道她在生氣，卻不知道是為什麼，要到媽媽說明才會恍然大悟。此時的孩子對於情緒理解還停留在「外在規範」和「喜好物品」的階段，所以請不要問孩子：「你知道我在氣什麼嗎？」這對孩子來說是一個陷阱題，因為他真的不了解。

等到五、六歲時，隨著「因果關係」與「語言理解」的發展，對於情緒理解又往前邁進了一大步。這時的孩子不僅可以用自己的感受來推論別人的感受，還可以了解別人的「個性」和「經驗」也會影響到反應，就像是害羞的小兔子和強壯的大熊兩種不同的動物，在碰到狐狸時會有不同的感受與情緒。

絕大多數六歲的孩子會發現一個祕密，就是「情緒可以隱藏」。別人臉上的表情不一定是真正的情緒，例如小兔子的東西被小熊弄壞了，雖然口頭上說沒關係，但小兔子心裡一定很難過。孩子就在跌跌撞撞的情境中學習分辨「隱藏情緒」和「真實情緒」，才逐漸發展出中級的情緒理解。

孩子往往知道歸知道，但還是不熟練，因此常需要大人提醒。透過反覆嘗試與練習來修正自己的錯誤，而學會避免冒犯別人。等到十歲時，這樣自我修正的過程進而衍生為「自我反省」的能力，就不再需要他人提醒了。

給爸媽的話

孩子常會得罪別人，最重要的原因不是孩子調皮搗蛋，而是卡在「情緒理解」有問題。孩子不知道冒犯別人的原因，自然就不知道如何化解衝突，也不知道如何道歉。

我們常將「情緒理解」與「情緒察覺」混為一談，才會誤解孩子。「情緒理解」並不是看得懂對方的臉色，更要進一步了解是什麼事情導致別人的情緒。因為可以察覺別人的想法，才會避免冒犯別人，進而擁有良好的人際關係。

「因果概念」不佳是導致「情緒理解」困難的最主要原因。孩子對於剛發生的事情無法回憶出正確順序，常出現前後錯置的情況，這使得孩子在推理上有困擾，因此無法理解別人的想法。

簡單來說，就是孩子在「順序記憶」上比較弱，才會造成困擾。爸媽需要做的不是把孩子拉到一旁，也不是教訓孩子給別人看，而是要協助孩子培養出良好的「順序概念」。

爸媽可以準備「順序圖卡」，讓孩子練習觀察圖片中的細節，排列出正確的先後順序，例如起床、刷牙洗臉、換衣服、吃早餐、出門。孩子必須先觀察卡片中人物衣服變化的細節，再排列出正確的順序。當孩子可以正確排列出順序後，就鼓勵孩子說出一個完整的故事。之後再漸漸增加卡片的數目，讓孩子的情緒理解能力越來越成熟。

此外，爸媽可以透過「故事」引導孩子判斷裡面的角色有什麼感覺？有什麼想法？當孩子五歲以後，更可以讓孩子開始說故事給爸媽聽，都是不錯的練習喔！

跟著光光老師這樣做

每一個人都有「測試反應機器人」，只是我們忘記了，也忘記給我們的孩子。想想看小時候，我們是不是常跟著一群玩伴玩扮家家酒呢？

那就是真人版的「測試反應機器人」。我們在遊戲中，假裝自己是爸爸或媽媽，我們往往會回想他們都說些什麼？會有什麼反應？如果演得不像，玩伴們還會七嘴八舌地建議你要怎麼說、要做什麼，無形中，我們也就越來越能推理出爸媽的反應。

所以不是現在的孩子變得白目、變得自我，而是我們剝奪了孩子們正常的練習機會，只讓孩子拚命地補習。平時可以幫孩子找一些玩伴，讓他們自由自在地玩扮家家酒，藉此練習角色轉換的過程，也能學會如何站在他人角度思考，發展出「情緒理解」的能力。

此外，我們還可以用三個「重點加強題」，幫孩子發展出更好的「情緒理解」技巧：

一、基於情境的理解

同一件事情，如果發生在不同情境，我們可能會有不同情緒反應。例如看到一條蛇，如果是走在草叢中看到，會讓人感到恐懼；但是在動物園中看到，卻可能讓人覺得好奇。在判斷別人情緒反應時，一定要配合當時情境才能正確理解。爸媽可以事先列出不同的情境故事，例如「小英在路上看到狗狗被車撞到了，你覺得小英覺得……？」這類的小故事，讓孩子學習如何正確判斷他人的情緒。

二、基於個性的理解

每一個人因個性不同，做的決定也會不同。在情緒推理時，一定要考慮到對方的個性，才能做出適當的決定。爸媽可以列出各種不同的「情緒」和「個性」，將它們分別寫在卡片上。讓孩子先抽出一張「個性卡」，再向孩子說出一個事件，然後請孩子在「情緒卡」中選一張他覺得最可能出現的情緒。透過遊戲，讓孩子學會同時注意事件與個性之間的關聯。

這裡也提供爸媽一些製作卡片時的內容參考。製作「情緒卡」時可列出的情緒有「開心、生氣、憂慮、沮喪、煩惱、無聊……」；製作「個性卡」可列出「大方、驕傲、誠實、善良、溫和、勇敢……」等等。

三、隱藏情緒的理解

在現實的社交生活中，我們常會隱藏真實的情緒，一來為了避免冒犯別人，二來為了保護自己。孩子非常天真，並不知道情緒是可以隱藏的，所以常會判斷錯誤。當孩子撞到別人，而對方微笑地說「沒關係」時，孩子真的會覺得沒關係，而繼續嘻皮笑臉，當然也會覺得不需要道歉。爸媽可以在講故事時，找找類似的劇情，就可以順勢引導孩子學習故事角色的感受，讓孩子學會分辨「隱藏情緒」和

「真實情緒」。但是請記得，在六歲以後孩子才會漸漸發展出這樣的能力，請不用過早帶四歲的孩子做這部分的練習。

給爸媽的小提示

我超喜歡伊索寓言，故事中的每個動物都有不同的個性，就像是一個符號，博學的貓頭鷹、倔強的驢子、狡猾的狐狸、忠實的狗、勇敢的獅子……。在唸一篇篇小故事時，也可以讓孩子將「個性」與「行為」做好連結，幫助孩子的情緒發展打好基礎。

社交篇

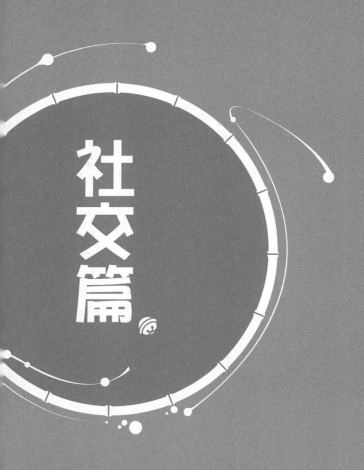

小夫，不是自私

只是太早熟也太社會化

小夫是一個家裡有錢、嘴巴又很甜的孩子，學校成績也不錯，是所有大人眼中的「模範生」。一個這麼優秀的「好孩子」，鐵定會有很多好朋友才對，但是很奇怪，他的「真心好友」並不多。如果硬要說有，就只能說是胖虎了。

光從「社交技巧」來看，小夫鐵定是「大師級」的，他很懂得掌握對方心理，會說出別人想聽的話，讓對方心花怒放。既然如此，小夫理應是最受歡迎的孩子，為什麼會被同學討厭呢？

小夫因為爸爸工作的關係，加上有個讀大學的表哥，常常接觸到許多同年齡孩子不知道的「新資訊」，光憑這點就能讓小夫大出風頭。在朋友圈中，小夫常擁有強大的話題主導權，不論從模型製作、明星八卦、新書預告等都能侃侃而談，也更增加了小夫在社交上的優勢。只是同一件事，有時是優點，有時卻是缺點，由於過早接觸社會的複雜性，導致小夫的思想太早熟，這樣過早的「社會化」與小夫的年齡並不相符。他的朋友們都依然天真，他卻已經像上班族一樣會勾心鬥角、汲汲於名利之間。如果你把小夫的角色從學生換成上班族，你會發現一切都變得非常合理。小夫把自己變成了「課長島耕作」，把班上同學當作工作的同事一樣對待。他所作的一切都有目的性，與同學間彼此是互相利用，當然會顯得自私自利。

小夫由於想得太多，但號召力不足，叫不動大家一起，為了達到目的只好巴結胖虎，像個小軍師一樣在旁邊不停地敲邊鼓。如果用童話故事來形容，他應該就是「狐假虎威」裡的那一隻狐狸，利用大家害怕胖虎的心理，特別愛幫胖虎出主意，並偷加一些「附帶條件」讓自己也可以從中獲利，這才是大家討厭他的關鍵。

小夫，雖然可以當朋友，但絕對不會是「好朋友」，因為他太愛佔別人便宜。當一切都以「現實利益」為導向，像個「生意人」一樣，而不是一個「小學生」。除了那個天生少根筋、忘性比記性好的大雄之外，誰會用真心對待他呢？偏偏小夫又太常欺負大雄了。朋友之間的關係是一種互惠的過程，出於真心的付出，而不是用利益來衡量。當友誼變成一種價格標示，那就是一種商品，是有所意圖。

小夫不自私，而是太早熟。問題不在於小夫的個性，而是出自父母的期待。早熟不是一種資賦優異，有時反而是一種負擔。過度引導孩子的思想、灌輸孩子超過年齡的知識，在失去平衡的同時也會導致孩子在人際社交上的困難。

就是愛說謊 ❶

道具介紹　真心話貼布

小夫真的是吹牛不打草稿，胖虎的歌聲明明就是「災難級」，可以讓老鼠昏倒、蟑螂逃跑，他還是開心地對胖虎說：「你真是明日之星，我很期待你的演唱會。」讓胖虎心花怒放，卻苦了大家的耳朵。哆啦A夢覺得應該要給小夫一個教訓，拿出「真心話貼布」貼在小夫的身上。只要貼上這個貼布，就只能說出真心話，再也不能說謊了。

狀況來了：孩子不誠實、說假話

孩子經常說謊，為了要出門玩，就會騙爸媽今天沒作業；明明家裡沒買電視遊樂器，卻跟同學說家裡早就買了。沒發生過的事情，說得像真的一樣，真是讓爸媽很擔心。為什麼孩子會說謊呢？

讓我們從「心智理論」（Theory of Mind）來看看這個問題。社交互動時，我們必須發展出一個關鍵概念：「其他人和自己有不同的想法。」因為每個人的想法不同，所做的決定也會不一樣。透過了解自己與他人的差異，孩子才學得會尊重他人想法，不容易在團體中有情緒的衝突。

在三歲以前，孩子的「心智理論」尚未成熟，無法分辨自己和他人的差異，深信自己在大腦中所想像的別人都知道。既然別人知道，當然就不會說謊。這時的孩子顯得特別誠實，甚至到天真的地步，隨便一套話就全部說出來。

四到五歲時，孩子漸漸了解別人與自己的差異，發現別人其實不知道「我在想什麼」。這也是孩子會說謊的起點，只是因為能力還不成熟，常常睜眼說瞎話，像是明明是自己吃掉的布丁，媽媽一問就推到貓咪身上。

五到六歲時，孩子漸漸學會控制自己的情緒，發現別人其實是在看「我臉上的表情」。孩子學會隱藏自己的情緒，即便心裡很難過，臉上依然可以保持笑容。也就是說，如果孩子的情緒控制技巧越好，說謊就越難被察覺。

「說謊」看起來是負面的詞彙，但並沒有那麼罪大惡極。說謊是一個發展的必經過程，是孩子心智能力成長中的「副作用」，不代表他變壞了。

給爸媽的話

「說謊」雖然不是件好事，但也沒有我們大人想像得那麼嚴重。爸媽需要培養孩子誠實的品格，但不是要求孩子百分之百「不說謊」，特別是社交上需要的「白色謊言」。

講話過度直白、不在意別人的感受，那不叫誠實，而是白目。大雄不也是這樣嗎？你會說他誠實，還是認為他白目呢？說話老是得罪人，又自以為誠實，如何能交到好朋友？

當然也不能像小夫這樣做的和說的不同，總有一天會被人發現「真面目」。說一次謊，要再說十次來圓謊，搞得整天提心吊膽，害怕被別人戳破謊言，這樣不是很辛苦嗎？

重點不在於孩子會不會說謊，而是為什麼要說謊。「動機」才是我們判斷是否該介入的關鍵。如果孩子說謊是為了要保護自己避免受罰，我們就該思考是不是對他過度嚴格，讓他因為恐懼而誘發出這樣的行為。

這時你越是嚴厲處罰，孩子會越恐懼，結果不僅改不掉，反而變成努力精進說謊技巧，這不是大人在自找麻煩嗎？這時反倒應該對孩子放鬆一點，讓他知道誠實不會被處罰，才會有效果。

另一種說謊的動機，是想要藉由欺騙的手段來獲得好處。如果孩子是刻意說謊陷害別人，或者為了獲得他人獎賞，這時就必須嚴格制止與處罰，千萬不能姑息，以免養成不良的習慣。

跟著光光老師這樣做

絕大多數的孩子在三到四歲開始出現第一次「謊言」。八歲以上的孩子，更是幾乎百分之百說過謊，只剩下亞斯伯格症的孩子們還不會說謊。當孩子說謊時，爸媽千萬不要過度擔心，而是要把重點放在孩子說謊的動機上。

我們要努力的目標，不是要孩子完全不說謊，而是讓他懂得「誠實的好處」。因為「誠實」會有好處，孩子才願意說實話。我們太喜歡用「負向表列」，不可以做A、不可以做B……，列出一大堆不可以做的，卻忘記教孩子可以做些什麼。就讓我們學著改變自己，用下面三個步驟培養出孩子誠實的習慣吧！

一、要聽得進壞消息

要讓孩子不說謊，最重要的是「要聽得進壞消息」。如果一聽到好消息，你就心花怒放、笑容滿面，但一聽到壞消息就悲從中來、抑鬱不已，孩子當然就會認定你只想聽「好消息」。最後會變成兩個極端，一種就像小夫，一種像大雄。前者完全報喜不報憂，只說大人想聽的話，即使自己不相信也不在乎；後者則是碰到問題要不是打死不說，不然就亂說一通。所以在改變孩子之前，先要改變的是我們大人的想法！

二、多花時間來傾聽

同樣的行為，但是動機不同，處理的方式也不同。不要當孩子話才說到一半就抓住他的話柄，急著處罰或責備。我們要學會靜靜聽完孩子的話，了解他在想些什麼，當他說話的「動機」出現了，你自然就知道應該如何處理了。「恐懼感」是孩子會說謊的真正原因，家庭氣氛越和諧，孩子越能暢所欲言，自然不需要欺騙爸媽。請讓孩子明白，對爸媽說實話不會被處罰，而是會幫他一起想出解決辦法，那麼孩子就不需再絞盡腦汁地說謊了。

三、全能全知的爸媽

說謊要能成功，有個關鍵的前提是：「我知道，但是你不知道。」就是因為資訊不對等，所以才能說謊。相反地，如果爸媽全都知道，孩子又如何說謊呢？讓孩子清楚知道你會和老師聯絡，同學們也會對你說，所以不需要對爸媽說謊，因為爸媽全部都會知道。爸媽的角色不是一個處罰的「執行者」，而是一個解決問題的「諮詢者」。只要轉換角色，孩子自然就不會選擇欺騙，那才是我們應該對待孩子的方式。

給爸媽的小提示

當孩子犯錯時，請不要一邊拿著棍子，一邊要求孩子說實話。先問自己一個問題：「如果孩子說實話，你就不會處罰他了嗎？」處罰絕對是可以的，但是要很明確讓孩子了解原因。究竟被處罰是因為犯錯，還是因為說謊？處罰一定要在自己情緒可控制的情況下執行，不然就不是教導，而只是在發洩自己的脾氣。

❷ 明明不是我的錯

道具介紹 藉口毛

大雄和小夫一起打掃教室，結果不小心將老師的茶杯打破了，兩個人都非常害怕。小夫對大雄說：「把茶杯藏起來就好了。」當大雄準備將破掉的茶杯藏起來，老師剛好走過來。小夫將錯全部推到大雄身上，但大雄根本半句話都說不出來，結果被老師叫去走廊罰站。大雄覺得很委屈，又不會解釋。這時哆啦A夢拿出「藉口毛」，只要犯錯的時候將它戴在頭上，就會自動找出好理由，說服別人原諒自己了。

狀況來了：遭人誤會，不懂替自己辯解

孩子碰到問題時，老是僵在那裡不說話。如果是真的犯錯就算了，但明明是被人誤會，卻說不出理由保護自己，反而回到家才悶悶不樂，找爸媽哭訴委屈，總是

要爸媽出面才能解決。究竟是孩子在學校裡被欺負？還是孩子不懂得保護自己呢？

很多時候，我們會覺得只有內向的孩子才會碰到這些問題，但其實這和內向或外向沒有關係，而是跟語言表達能力有關。在臨床上，不會辯解的孩子常常不是不會說話，而是說了老半天卻說不清楚、講不到重點。往往老師問了半天也搞不懂他在說什麼，但是另一個人卻可以講得很合理，老師自然會選擇相信「講得合理」的人，最後所有的委屈只能往肚子裡吞。久而久之，孩子會乾脆不說話，反正說了也沒人相信，越來越容易覺得委屈。

語言表達與孩子的年齡有關，在四歲前還不能說明「時間點」，像是上午、中午、晚上等。這時孩子雖然記得，卻無法清楚說出發生什麼事。等到五歲時，隨著對代名詞、時間點的理解能力增加，也開始可以幫自己解釋，但還是會有搞不清時間先後順序的困擾。

到六歲以後，隨著孩子的詞彙量越來越多，描述事情也更有連貫性、次序感。孩子可以精確描述出「過去事件」的細節，被人誤會時才能幫自己辯解，而不需要大人協助。這也是孩子們最容易「吵架」的時期，其實他們不是拗脾氣，而是在練習如何辯解，只是技巧還不成熟，難免容易擦槍走火。

雖然六歲以後的孩子可以表達想法，避免自己被誤會，但有些孩子的語言發展較慢，在描述事件常有「主詞省略」或「代名詞混淆」的問題，說了老半天連究竟是誰做的都講不清楚；再加上詞彙量不足，常用「這個」、「那個」來取代不熟悉的詞彙，常讓人覺得他有說跟沒說也沒多大差別，當然就容易被誤會，而感到自己委屈了。

給爸媽的話

當孩子被誤會而感到委屈時，相信爸媽絕對非常捨不得，會有一股要帶著孩子上門興師問罪、討個公道的衝動。但真的不能太過責怪對方為什麼不說實話，因為人在壓力之下需要立即做決定，絕對都會選擇先保護自己。

孩子因為被誤會而出現負面情緒時，除了安慰孩子之外，更要仔細分辨他是不是在表達上有困難。我們常希望孩子不要太愛說話，但是「說話」卻很重要。不論你肚子裡有多少料，如果說不出來就一點用都沒有。許多人在進入社會後都吃虧在這點上，他們不是不會做事，也不是沒有自信，而是不會說話。

這裡指的「不會說話」，並不只是說像木頭人那樣一句話也說不出口，還包括嘰嘰喳喳、一件小事說了十幾分鐘還在繞圈圈，說不到重點。所謂的「會說話」，是要能「一針見血」直說到問題的核心。要讓孩子學會在三分鐘內說清楚自己想講的事，那才是關鍵。

多花點耐心幫孩子釐清每一件事，以及事情發生的先後順序。可以使用表列的方式做出一個明確的「時間軸」，讓孩子一目了然所有的細節。當所有材料都準備齊全，讓孩子嘗試自己再說一遍。幫孩子錄音起來，讓他自己聽聽看是否聽得懂。

「說話」就像是寫作文一樣，也需要反覆練習才能越來越熟練。如果一直使用高壓的教養方式，孩子只能聽卻不能說，缺少練習的機會，當碰到問題時，自然會沒辦法解決。

跟著光光老師這樣做

不論是幫孩子打電話給老師，或是希望孩子不要計較，基本上都無法解決問題，只不過讓一次一次的問題不停累積下去。

這些常被誤解的孩子，最常見的原因是「語言表達不佳」。明明原因都一樣，別人說就被原諒，自己說卻被處罰，而讓孩子誤以為是大人不公平才會這樣。甚至會因此越來越排斥老師，或在班上出現攻擊行為，還被誤認為有情緒困擾。

讓孩子學會「如何解釋」才最重要。請教導孩子三個重點：

一、關鍵是「原因」

在解釋時，最重要的是說出「原因」，而不是「理由」。孩子不小心犯錯時，大人常會說：「你說剛剛發生了什麼事？」這句話的意思是要你說「原因」，而不是真正字面上的「發生的事」，因為事情的結果每個人都很清楚。但搞不清狀況的孩子，常常拚命說明事情的結果，卻沒說到原因是什麼，然後又不停補充，最後還是讓人聽得一頭霧水。例如：剛剛A小朋友在樓梯口推了B同學一掌，這時A小朋友如果這樣說：「上一堂課他就一直推我，結果在樓梯他又再推我，所以我才……」因為有了清楚的「原因」，當然就比較容易被理解。

二、說出時間、地點

一定要釐清「前因後果」才能分辨出對錯。孩子如果說了好久，一直沒說清楚哪件事在前、哪件事在後，別人也會搞不清楚事情發生的經過。再者，同一件事如果發生在不同地方，往往結果也不盡相同。例如兩位小朋友跑著跑著撞在一起，看是發生在操場或發生在走廊，老師往往會有不同的處理方式。也因此，如果孩子在說明事情時沒有養成說出時間、地點的習慣，就比較容易說不清楚而遭到誤解。

三、不急著當下解釋清楚

有些人思緒比較快，一下子就可以想出好的解釋方式；有些人就要多一點時間才可以找出合適的表達方法。讓孩子學會認識自己，不急著一定要馬上解釋。特別是在課堂上，老師有時間壓力，所以不能花很長的時間只聽一個人說。一堂課只有四十分鐘，如果一個人就說了十分鐘還講不清楚，就暫時先不說。可以讓孩子練習先在心裡打好草稿，等到下課後再去向老師解釋清楚，效果反而比較好喔！

給爸媽的小提示

六歲時，孩子的語言表達能力越來越成熟，這時就是讓孩子練習「說故事」的最好時機。描述一個故事的細節，必須說出具體的人物、事件次序、整體的連貫性，才能說得生動有趣。就讓我們把書本闔上，帶著孩子練習憑藉記憶說出一個好故事吧！

❸ 我想要腿長一點

道具介紹 人體交換機

小夫非常在意外表，每天都要將頭髮梳很高，而他最在乎的一件事，就是覺得自己太矮了。不知道哆啦A夢有沒有可以換一雙修長的腿的道具呢？

哆啦A夢拿出「人體交換機」，讓大雄、小夫、靜香、胖虎交換各自的身體部位，沒想到大家都對自己的身體有不滿意的地方。結果換來換去，全部都搞混了，要怎麼換回來啊？

狀況來了：孩子太在意外貌

孩子很在意外貌，每次出門都要花好多時間，不是一直梳頭髮，就是挑衣服挑半天，就連包包都要別上小飾品，甚至還對自己的身材、外貌感到焦慮。這樣到底有沒有問題呢？需不需要糾正孩子啊？

愛美是孩子的天性，即便是小嬰兒，在八個月大就喜歡照鏡子，還會對著鏡子擠眉弄眼，藉此了解自己的形象概念。小嬰兒對於「漂亮」的臉孔注意時間較長，從小就是「外貌協會」的會員。這不是因為寶貝超級喜歡帥哥美女，而是五官的對稱性越高，寶貝越喜歡。

在三、四歲時，孩子對於性別還懵懵懂懂，對於外在服裝尚未出現多大興趣，但是到了五歲，孩子對男女分別的感受越來越明顯，小女孩會開始在意穿著，甚至會為了穿什麼衣服出門而鬧脾氣。這主要是他們已經開始察覺到「性別」，卻又尚未完全成熟的關係。

在八、九歲時，孩子會在意自己的身材，特別是高矮、胖瘦、強弱的主題，並在與大人或同伴的互動中逐漸發展出「自我形象」的概念。這時，孩子會想要隱藏自己的缺點，深怕缺點被人發現，進而出現擔憂的情緒。這年齡的孩子開始在意別人對他外表的評價，也因此對於諷刺、綽號特別敏感。例如一個很瘦的孩子常被人笑是「竹竿」，雖然表面上沒反應，但其實他對自己的身材不是很滿意，上游泳課時就可能會出現頭痛或肚子痛的感覺，希望可以避開需要脫衣服的情境。

二〇〇八年，台北市衛生局針對台北市國高中小學生的心理健康做調查，指出學生面臨的最大壓力來源從高至低排列是：學業成績、時間安排、人際關係。在國小高年級，「外貌問題」與「人際關係」並列第三名；但進入國中後，「外貌問題」則跌到三名之外。

由於現在孩子發育較快，也較早察覺到身體變化，自然比較在意外貌，就會出現愛漂亮、愛打扮的情況。

給爸媽的話

「外在不重要，內在比較重要。」這句話要說服十幾歲的孩子其實很困難，特別是高年級的孩子很喜歡用身體特徵來開玩笑、諷刺別人。外表真的不重要嗎？這點可能要打上一個大問號。從吸引力法則來看，人們判斷一個人的可信度，你覺得需要多久？是一個小時？十分鐘？三分鐘？十秒鐘？

答案可能和你想的有很大落差，不是一小時，而是十秒鐘。當我們看到對方的第一眼，在七秒鐘之內就決定了要不要相信他。就算多給你二十四小時，答案也差不多。在說服別人時，「第一印象」是重要的關鍵。然而，又是什麼決定了你給別人的第一印象呢？就是「外貌」和「姿勢」。

當孩子愛打扮、在意體型時，請不要一開始就責備孩子或拒絕聆聽，因為你不知道孩子所承受的壓力。讓我們再問自己一次：外在重要嗎？我相信你的答案也是肯定的。再想想看，會不會反倒是我們大人在隱藏擔憂，擔心我們鼓勵孩子打扮，會讓孩子太在意外表而變得膚淺呢？

其實，真的是我們搞錯重點，誤將「外在」當作是「容貌」和「體型」，卻忽略了「姿勢」的重要性。「姿勢」就像一個人的氣場，如果你抬頭挺胸，目光如炬地直視對方，不論你是高、矮、胖、瘦，都可以讓人感受到你的自信。但是當我們否定「外在」的重要性時，不也同時否定了「姿勢」的重要性嗎？

讓我們學著改變說法：「外在不只是容貌和身材，更重要的是姿勢。」藉此引導孩子有一個正確的努力目標，才能減少孩子對外貌的擔憂喔！

跟著光光老師這樣做

每個人對自己的外表多多少少會有些不滿意，甚至會因此感到自卑。大量的兒童心理研究指出，外貌不會直接影響孩子的個性，不是所有胖的人都自卑，也不是所有瘦的人都神經質。關鍵是在爸媽或家長的態度，影響才最大。

請不要覺得孩子年紀小，一定不會在意，就一直「小豬、小豬」這樣叫孩子。其實，孩子在八歲時就開始在意自己的身體形象。孩子長大了，我們也要跟著長大，小時候親暱的小名也必須適時改變。我們可以使用三個方式引導孩子渡過這段尷尬的時期：

一、注意言詞

我們常常求好心切，難免會唸一下孩子說：「就是不吃肉，難怪長不高，以後會是一個矮冬瓜。」這無形中讓孩子覺得矮是低人一等的事，當然也影響到孩子的自尊心。當孩子十歲以後，請不要數落孩子的「外表特徵」，因為他們會特別在意，又無法立即改變。過度的提醒只是讓孩子備感壓力，甚至變得自卑。引導孩子學習健康飲食，讓孩子了解攝取營養、保持運動習慣的重要，並帶著他一起練習。

二、明確定義外在

孩子注意外表是發展的必經過程，只是現在孩子發育較快，所以出現的時間也更提早。不要逃避和孩子討論外在觀感對別人的重要性，要讓孩子清楚了解「外表」不只是容貌、身材、服裝，還包括健康、清潔、姿勢等方面。引導孩子往正確的方向努力，而不要執著在服飾、飾品、化妝品等物質需求上。幫孩子建立正確的「審美觀」，比爸媽用防堵式的控制金錢、限制朋友來得重要。與孩子一同討論，幫孩子找到符合自己風格的打扮，可以降低孩子對外貌表現上的壓力。

三、避免網路社交

隨著網路越來越普及，不只大人迷戀手機，連孩子也迷戀上網。透過網路連結，人際間的互動越來越表面化，對於外在追求也越來越高。想想看，孩子每天看著爸媽拿手機自拍，到哪裡都要打卡，你覺得孩子不會認為外表重要嗎？國外的研究指出，近年來社交媒體的流行加深青少年對自己外表的壓力。孩子沉迷在社交媒體中，不只需要花費大量時間交換照片與圖片，甚至因為擔憂別人對自己的評價，更重視自己的外表與服飾。這種現象不僅出現在女生身上，男生也越來越多。爸媽可以先以身作則減少使用手機，才能避免孩子迷戀網路社交喔！

給爸媽的小提示

媽媽也要愛漂亮，特別是對小小孩來說，衣服打扮是身分地位的象徵。請不要把孩子打扮得像公主，媽媽穿得卻比灰姑娘還寒酸。你有看過公主聽女傭的命令然後乖乖配合聽話的故事嗎？媽媽也需要精心打扮，孩子才會願意乖乖聽話喔！

4 沒人要跟我一組

道具介紹 入伙蚊香

大雄想加入棒球隊，但是人數夠了，胖虎不讓他加入。大雄去找靜香，女生們也拒絕讓他一起玩。媽媽在和隔壁阿姨聊天，大雄才想說話，又被媽媽罵：「大人講話，小孩子不要插嘴！」大雄只好找哆啦A夢抱怨：「都沒有人願意讓我加入。」這時，哆啦A夢拿出「入伙蚊香」，只要點燃蚊香，再用煙繞對方一圈，就可以輕輕鬆鬆加入對方的圈子，不會再被拒絕了。

狀況來了：每次分組都落單

孩子每次分組都落單，沒有人想要跟他分在同一組，不是最後一個被選上，就是需要老師指派。為什麼孩子不肯主動一點呢？是他的社交技巧不好，還是他在學校被欺負了？這樣讓爸媽好煩心，究竟應該如何幫助孩子？

討論這問題前，我們先從兒童遊戲的模式來看社會化發展，大致可以分成六個階段：

一、無所事事：在兩歲以前，孩子主要是簡單揮動玩具，並且藉由動作來熟練自己的身體。這時寶貝的焦點集中在自己與物品上，並且自得其樂。

二、旁觀遊戲：在兩歲以前，孩子除了自己遊戲之外，也開始對身邊人事物感到好奇，但是因為怕生或焦慮，只會在一旁觀看，還不願意參與遊戲。

三、單獨遊戲：兩歲至兩歲半，孩子自己一個人默默玩玩具，但是不會跟朋友交談，也沒有互動。雖然會坐在一起玩，但是一個在玩車子，另一個在玩積木。

四、平行遊戲：兩歲半至三歲半，孩子可以和別人一起玩同一組遊戲，但是彼此沒有太多互動。兩個人可以一起玩積木，只是必須一人一份，不然很容易吵架。

五、聯合遊戲：四至五歲時，就會出現簡單的互動行為，像是相互指揮、模仿、命令或交換玩具等。但是沒有共同的目的，還是以個人興趣為主，像是大家可以一起玩沙子、堆沙堡。

六、合作遊戲：六歲以後，孩子的遊戲變得有目的性，有一定的主題、角色安排、規則性。在遊戲中，有明確的「領導者」與「追隨者」的差異性，需要彼此分工合作才能完成。

「合作」是一種高階的認知功能，所以又分兩個階段：

六至九歲：以「自我中心」，雖然有共同的目標，但目標是為了達到個人自我的滿足，例如：扮家家酒。

九至十二歲：以「團體中心」，對團體有一個向心力，努力達到共同的榮譽，例如：打棒球、大隊接力。

孩子的社交技巧，是在與朋友一同遊玩中漸漸發展成熟。孩子在九歲時會越來越在意別人感受，希望可以融入小團體，並且從中找到「歸屬感」。相反地，如果孩子依然是以「自我中心」思考，往往就會受到團體的排斥。

給爸媽的話

問題不在孩子合不合群，而是實力好不好。在分組競賽時，大家一定都想選擇「厲害」的人，讓自己可以沾光贏得比賽。有哪個人會想和比較弱的人一組呢？再加上九歲以後的孩子開始追求「團體榮譽」，透過彼此一起付出努力而達到共同成就感，朋友之間的認同感就變得越來越重要。

這時請不要跟孩子說：「朋友不重要，你管他們做什麼，自己做好就可以。」這樣會讓孩子困惑。如果他聽你的不理同學，會被貼上「自私自利」的標籤，更因為和同學處不好被排斥；如果不聽你的，他會想盡辦法融入團體，甚至扮演小丑來逗別人開心。就像大雄曾經說的：「與其被當個笨蛋，也比當透明人來得好吧！」

不論他的選擇是哪一個，最後都會被覺得有問題不是嗎？孩子不會不合群，只是找不到方法，所以需要大人的協助。這時請不要責備孩子，可以幫孩子額外尋找適合的團體，增加他們的正向經驗。參與社團活動就是一個非常好的策略。讓孩子依照興趣找到同伴，例如：喜歡唱歌就讓孩子加入合唱團、唱詩班；喜歡科學就讓他參加科學營、樂高課。滿足孩子希望被認同、接納的心理需求，幫孩子的自信心打好基礎，他們才能漸漸克服困難，融入團體生活中。

請不要教導孩子不需理會他人，或說即使沒有朋友也沒關係，那只是壓抑孩子的情緒，延後問題爆發的時間點而已。到了最後，孩子有可能在學校被欺負了也不敢向爸媽求助。

跟著光光老師這樣做

「分組」可以讓教學變得有效率，也是課堂上經常使用的策略。但是對於內向害羞的孩子來說，卻變成另一種「壓力源」。活潑外向、能言善道的孩子常常是團體中閃耀的焦點，很容易獲得同學的注目，而這些內向的孩子相形之下，就容易被忽略或孤立。

在協助孩子時，我們必須從「外在」與「內在」兩種角度發展出三個策略。

一、班級分組的技巧

可以使用指派性的分組，一來避免孩子被孤立，二來避免小團體出現。孩子常因興趣相同而湊在一起，久而久之就出現小團體，甚至會排擠其他人。這現象常在四年級出現，女生又比男生明顯。孩子對於團體認同的需求並不只是一起玩樂的時間，更與安全感有關。分組時，可以藉由老師指派的方式，避免孩子因社交技巧不佳而出現被孤立的問題。

二、學會分享的習慣

在九歲時，孩子開始發展出以「團體為中心」的概念，也更重視每個人對團體的貢獻。如果孩子凡事只想到自己，當然容易受到排斥。讓孩子學會多多幫助別人，這種良善的互動也會讓他更容易受到歡迎；相反地，如果越計較輸贏，反而會被貼上自私自利的標籤。家長可以和老師討論，多安排一些可以讓孩子幫忙的事，讓孩子更容易受到同學們的喜愛喔！

三、面對自己的弱點

單單鼓勵孩子，並不會有任何改變，而是要找到自己的弱點，並且花時間改變，才是成功的關鍵。如果孩子容易被團體拒絕，先要釐清是否有特定時機。如果是在體育課，可能是卡在動作問題；如果是在數學課，可能是卡在學業問題。起初，我們的確可以減少使用「分組競賽」的策略幫助孩子，但最後還是要針對「根本問題」做額外加強，才能協助孩子改變。當孩子克服了自己的弱點，就能有自信地加入團體中。

給爸媽的小提示

和爸媽想的不同，孩子社交發展的關鍵期是在四歲，這時孩子開始嘗試認識「最好的朋友」。「最好的朋友」並不好當，因為要有權利與義務，就好像個人在團體中落單、沒有人相陪時，這時不管這位「最好的朋友」在做什麼，都被認定要過來陪伴。相同的，個人也必須對最好的朋友如此付出，當他落單時一樣去陪伴他。在這樣互利的過程中，孩子的社交技巧就會逐漸萌芽。此時爸媽請不要自己跳出來努力當孩子「最好的朋友」，反而會侷限孩子的社交發展喔！

不會說好話 ❺

道具介紹　奉承口紅

大雄的媽媽剛買了一件黑色晚禮服，大雄心裡明明想要讚美媽媽，說出口的卻是：「你很像花枝招展的凸眼金魚。」瞬間讓媽媽氣炸了。對於這麼不會說話的大雄，哆啦A夢只好拿出「奉承口紅」，只要將它塗在自己的嘴巴上，就可以立即說出動人好聽的話，讓別人聽得很開心，真是太實用了。

狀況來了：孩子張嘴就得罪人

孩子超級不會說話，又不會看場合，只要一張嘴就很容易得罪人，活生生像是一張「烏鴉嘴」。被別人責怪了還覺得自己很誠實，又沒有說錯什麼，讓爸媽很頭痛啊。究竟是該讚美他的誠實，還是要指責他呢？

孩子說話不好聽，關鍵不在於「誠實」，而是不懂辨別「場合」。在不同場合中，我們必須使用不同的表達方式，以免冒犯他人感受。這對於八歲以下的天真孩子來說，其實很難做到，因為他們還不會推論他人感受。

這時的孩子只要大腦想到什麼，馬上脫口而出，難免會讓大人感到尷尬。孩子要等到九歲以上才會分辨「場合」與「表達」間的關連性，也就是見人說人話、隨機應變的能力。

孩子講話很傷人、很難聽，其實是他們不知道字句的涵義，他們都是從生活中模仿來的，卻只要一開口就讓人頭痛。爸媽也常會因此感到困惑，明明家裡沒有人這樣說話，為何孩子會這樣？

這狀況與孩子的「年齡」有關。不要讓中大班的小孩子和小三、小四的大孩子經常一起玩。國小三、四年級開始，孩子會組織小團體，擁有自己的「次文化」，當然更喜歡說一些自創的流行語，就像是一個「通關密語」，如果你聽不懂，當然就被排擠在團體外面。

大孩子常會在私底下講些平常大人不准他們說的話，但一看到大人就會馬上停下來裝沒事樣，只剩下搞不清楚狀況的「小孩子」，還在那邊繼續說個不停。這樣的結果就是年紀小的孩子因為亂講話而被責備。這時候，只要將孩子們暫時隔開，減少錯誤模仿的機會，就可以漸漸改變了。

給爸媽的話

孩子在九歲前，思考上傾向「自我中心」，還不能察覺別人感受，難免會說出不恰當的話。這時爸媽不用太擔心，畢竟孩子年紀還小，需要一些時間多練習。這時不需要過度責備孩子，不要讓孩子有罪惡感，而是要請孩子小聲一點，或直接找理由先帶孩子離開。如果使用高壓責備，壓抑孩子的表達機會，反而會讓孩子害怕說話，到真的需要說的時候，反倒會讓他腦中一片空白。

從九歲開始，孩子不會一直說「我」，而是學會使用「我們」。他們具備了察覺別人感受的能力，知曉不能再我行我素、想說什麼就說什麼，否則可能會受到同學排斥。想想看，如果和他說話真的太痛苦、聊不下去，又有誰會自找麻煩？

說話不好聽的孩子常常沒說錯什麼，如果把他說的話一個字一個字寫下來，會發現裡面沒有髒話也沒有罵人的話。既然如此為什麼會惹人生氣呢？關鍵在於「場合」。在應該正襟危坐時嘻皮笑臉；應該該開懷大笑時神情嚴肅，這樣不論說什麼都算白目。

爸媽可以試著引導孩子察覺「場合」的差異性，像是在圖書館要輕聲細語，在操場可以大聲呼喊，在禮堂就要端莊正經，並解釋不同場合的說話方式也有不同。還有因應對象不同，說話態度也會不同，例如對長輩要有禮貌、對同輩要熱情、對小孩要溫柔。

問題不在於孩子說了什麼，而是在這個場合是否適當。不要陷入孩子的思維陷阱中，一直在「字句」上打轉，到最後一定無解，因為孩子真的沒有說錯什麼。既然沒有錯，你越想糾正孩子，孩子也就越反彈，當然更不願意配合了。

讓我們換一個方式，引導孩子學會「看場合」，你會發現孩子也能做得很好。

跟著光光老師這樣做

孩子說話不好聽，不是不會說話，其實很多這類孩子甚至辯才無礙、長篇大論，什麼事都有一大堆意見。問題出在過度以自我為中心，無法察覺自己說話會讓別人有什麼感覺，當然也就容易得罪人。

應該要讓孩子學會站在別人角度思考，讓他猜猜別人在想什麼、有什麼感覺，自然就能抓到講話的技巧。此外，還需要特別提醒孩子注意三件事。這三件事如果爸媽和孩子都能學會，就可以避免說出讓人聽了覺得不舒服的話喔！

一、減少絕對語氣

在說話時習慣使用絕對語氣，像是：都是、總是、老是、每次……等，就很容易讓人覺得不舒服。比方說，當你拒絕孩子買一枝新的自動鉛筆，孩子會抱怨地說：「媽媽每次都不會買。」你聽了會不會覺得不舒服？這種以偏概全的說法，當然惹人生氣。教導孩子避免過度使用這類用語，在與孩子互動時也要注意不要將「你總是……」、「你每次……」都一直掛在嘴邊喔！

二、放棄就不抱怨

另一個常讓大人生氣的原因，就是孩子常把「不知道、沒關係、無所謂、隨便啦……」掛在嘴邊，等別人幫他做決定後又不停嫌東嫌西。其實不論孩子所說的到底符不符合事實，聽了都讓人生氣。先和孩子講清楚一個道理：「如果自己不選擇，之後就不能夠抱怨。」帶著孩子花兩個星期注意自己說話的習慣，學習控制自己說話的用句，避免使用「不知道、沒關係、無所謂、隨便啦……」這些詞彙，你就會發現孩子講話變順耳多了。

三、不可以說粗話

當孩子進入中高年級後，隨著次文化的產生，會多出很多奇怪的詞彙，有些聽起來真的非常粗俗。這時請不要給予過多責備，也不要和孩子說都不准說，因為在社交壓力下，孩子勢必會說，不然就無法融入小團體。這時可以這樣跟孩子說：「只要有大人在旁邊，就不可以說這些。」一來可以緩和與孩子間的對立，二來可以讓孩子學會分辨場合，也避免因為一些話語引發的後續衝突。

給爸媽的小提示

說話好不好聽，重點不是孩子說那些字，更重要的是孩子的態度。如果孩子有禮貌地看著你，就算不說話只點點頭，你也不會因此大發雷霆，不是嗎？所以，請不要一直抓著孩子的「話柄」來耳提面命，而是要幫孩子培養出良好的禮節。從小就要讓孩子習慣說「請、謝謝、對不起」，這點非常重要喔！

我不想當女生 6

道具介紹　交換繩

靜香從小有個夢想，她想爬上學校後山那棵大松樹，但是隨著年紀長大，媽媽不讓她像小時候一樣自由爬樹，老是把「女孩子不可以……」掛在嘴邊。靜香也想像男孩子一樣自在地打棒球、賽跑、爬樹，就算弄髒衣服也沒關係。大雄提議兩人身體交換一天試試看。

這時哆啦A夢拿出「交換繩」，只要兩個人分別握住繩子一端，就會身體互換。不過很快的，兩個人又想換回來了。

狀況來了：女生沒有女生樣

明明就是漂亮的小女生，但就是不穿裙子，喜歡爬上爬下，就連身邊的好朋友清一色都是小男生，一個女生也沒有。別的小女生都在玩洋娃娃、扮家家酒，我們家的卻在玩戰鬥陀螺，這樣以後會不會性向有問題呢？

其實爸媽不用太擔心，孩子在五歲前基本上是「中性的」。孩子對於男生和女生的概念還停留在稱呼上，只要頭髮長的就是女生，頭髮短的就是男生，需要隨著生理與心智的發展，才會漸漸發展出「性別認同」的概念。

孩子對於性別的萌芽在三、四歲時開始。對孩子而言，全世界的人都和他一樣，然而有一天突然像發現新大陸似的，驚訝著發現有些人跟自己不一樣，特別是上廁所的時候。為什麼有人要去上蹲的廁所，有人要去上站的廁所，他們會開始對生殖器官的差異感到好奇。這段時期也稱為「性蕾期」。

隨著孩子對於男女區辨的熟練，加上爸媽示範的性別角色，孩子在五歲時就會開始認識自己的性別。女生開始模仿媽媽，男生會學習爸爸，透過模仿「同性別」大人的舉動，而出現最初的「性別認同」。小女孩會喜歡漂亮的衣服、髮飾、手鍊等小飾品，也開始有了男女生的區別。

在八歲時，隨著學校團體生活的影響，孩子會分成一個個小群體。男生和女生的嗜好、興趣開始有差異，男生更傾向體育活動，女生傾向於分享心情。隨著孩子參與活動的不同，也會影響孩子的外在裝扮，總不可能穿著裙子滑壘，不然一定會「犁田」的。

到十一、十二歲時，隨著身體發育，孩子開始有第二性徵出現，也讓差異變得明顯。但內分泌改變的不只是身體結構，大腦結構也跟著改變，這時真正的「性別差異」才會出現。此時，男生會傾向於男性的大腦，女生更傾向於女性的大腦。

男生開始在空間概念上有較為突出的表現，女生則在人際關係上表現特別強勢。由於思考邏輯上的差異，也會導致彼此溝通上越來越有距離，可能會有媽媽比較容易和女兒溝通，爸爸講的話兒子比較聽得進去的狀況。

給爸媽的話

男女之間有許多不同，卻也並非是絕對二分法，不是女生就一定溫柔、男生一定要勇敢。孩子依然還是擁有獨特「性格」存在。因此請不要過度拘泥於「性別框架」，才能培養出健康又自信的孩子。

就像是迪士尼的《冰雪奇緣》電影，故事主軸不在是公主與王子的愛情，而是姐妹親情之間的「真愛之舉」撼動人心。誰說公主只能柔弱地暗暗啜泣，等待王子從天而降的援助，反之應該拋開世俗的枷鎖，勇敢開創自己的未來。即使是公主也可以選擇不一定要當嬌滴滴的小公主，可以做個獨當一面的女王不是嗎？「性別差異」是一個生理差別，但不是生活與嗜好的界線，也不應該是個束縛。

現代的生活中，許多工作內容都引進自動化與電腦化，隨著勞力支出的減少，過去性別差異的優勢也漸漸淡化了。隨著社會改變，過去我們認為的「性別界線」也變得越來越模糊，就連化妝保養也有越來越多的男性消費者，去整型外科保養的男生人數也有直線上升的趨勢。過往男生會去讀理工科、女生去讀商科的觀念似乎也不再適用了。

二〇一七年的紐倫堡玩具展，以「Girl Power」來當作年度主題。過去科學類的玩具清一色是賣給小男生，機器人、汽車、飛機幾乎全部都是藍色、白色、黃色等色系。但現在不一樣，粉色系列當道，瞄準的無一不是小女孩的力量。

當社會環境改變，爸媽的思維也要改變，而不是用過去的經驗幫孩子安排一條一模一樣的路。因為當孩子走到那裡時，馬路可能已經改道了。想想看，孩子如果同時擁有男生與女生的特質時，說不定也是一種優勢！

跟著光光老師這樣做

「性別」不是一種限制，也不是另外一種束縛。我們可以教孩子禮貌，讓孩子知道男女不同，但「平等」是一樣重要的。請不要用「女孩子不可以……」當起始句，雖然你是想強調那樣不好看，卻會讓孩子心生抗拒，而誤認為「只要是男生就可以……」。

有時換句話說就可以解決這樣的誤會。不要再把「性別」當作第一條件，這反而會限制到孩子自我人格的發展。在性別認知的引導上，爸媽可以這樣特別注意以下三件事：

一、保護自己的身體

不論是女生或男生，都必須學會保護自己的身體。在與人的互動中，難免會有肢體碰觸，如果一直大驚小怪，別人也會覺得很奇怪。但身體有些特定部位，像是：生殖器、胸部等，卻一定不可以讓別人碰觸。如果必須要碰觸，例如讓醫生做身體檢查，都必須有爸媽在身邊才可以。讓孩子學會保護自己的身體，可以避免許多風險出現。

二、爸爸力量的重要

談到影響力，我們直覺想到的是媽媽。確實，媽媽是影響孩子一生最重要的人，但我們卻常忽略掉爸爸的角色，連爸爸自己也這樣。其實在性別發展上，爸爸扮演了關鍵角色，特別是在孩子四到八歲之間。孩子其實是在生活中學習，透過觀察爸爸、媽媽在角色上的差異以及如何分工合作地組織一個家庭，從中學會認同自己的性別角色。爸爸的工作不只是賺錢回家，更重要的是孩子情感認同的榜樣，所以爸爸千萬不要在教養的過程中缺席喔！此外，心理學的研究也指出，媽媽與孩子的互動方式會影響長大成家後的「親密關係」；爸爸與孩子的互動方式則會影響到成人就業後的「職業關係」。

三、尊重孩子的興趣

人們很容易受到「刻板文化」的束縛，而將原本中性的行為貼上性別標籤，例如打棒球很用力、會流汗、有危險，直覺很陽剛就一定是男生才可以玩；做餅乾很溫馨、可分享、很安全，直覺很溫柔就一定是女生才適合。但真的是這樣嗎？似乎不然。打開電視節目看看，帥氣有型的「型男主廚」也能做出可愛美味的甜點，並且擁有大票粉絲跟隨。既然如此，我們又為何會那麼在意孩子的興趣，而想要去糾正孩子呢？其實是因為我們把「興趣培養」誤認為「職業培養」，才會有那麼多的焦慮。興趣是中性的，只要尊重孩子的興趣，讓他們從中找出樂趣就可以了，爸媽真的不需要過度操心啊！

給爸媽的小提示

「掌上明珠」是我們最常形容女兒的方式，但也讓我們慣於過度保護孩子。女孩子應該體貼、嘴甜，但是不包含脆弱。

當爸媽期望培養出一個百分百女孩，強行在孩子內心塑造出「完美無瑕」的自我形象，無形中也會讓孩子的心靈變得更脆弱、更容易受傷喔！

❼ 媽媽不要再唸了

道具介紹 石頭帽

大雄覺得很煩，因為每個人看到他就唸個不停，不只是爸媽愛唸，就連哆啦A夢也一樣。大雄大喊著：「我又不是三歲小孩，希望大家不要管我！」

在大雄的堅持下，哆啦A夢沒辦法，只好拿出「石頭帽」，雖然看起來是一個簡單的帽子，但只要戴上它，就會變成像路邊的小石頭一樣，每個人都看得到卻又不會在意它的存在，當然就沒有人來唸他了。只是哆啦A夢忘記說要怎麼把帽子拿下來，真是嚇死大雄了。

狀況來了：才講一句就翻臉

只要說孩子一、兩句，孩子就像吃了炸藥一樣什麼都聽不進去。不是生悶氣不說話，不然就一副臭臉地說：「你不懂啦！」真是會把爸媽氣炸。奇怪了，去年明明還很乖巧，怎麼才過一年，脾氣就變那麼大，難道是在學校認識了壞朋友嗎？讓人好擔心啊。

這並不是孩子在鬧脾氣，有可能是孩子進入了「第二反抗期」。

在孩子心理發展的過程中，有兩個難搞又叛逆的時期。這兩個時期的孩子喜歡自作主張，不讓人管，凡事都要自己嘗試。

「第一反抗期」在孩子二至五歲時，這時孩子常把「不要」掛在嘴邊，不論你給他什麼都不要，但是真的不給他卻又哭得唏哩嘩啦，反正就是什麼事情都有意見。這不是孩子在鬧脾氣，而是他在嘗試了解自己與別人的差別。通常在四歲以後就會漸漸改變。

「第二反抗期」出現在孩子十二歲至十五歲時，這時又開始出現抗拒與叛逆的情緒。主要是由於生理快速成長，孩子覺得意識已經成熟，希望獲得「人格獨立性」，但由於社會經驗的不足，又無法克制內心的慾望，導致內心衝突感增加。

在臨床上發現，最近幾年「第二反抗期」似乎有提早的情況，女生又比男生明顯，大約在小學五年級就可以觀察到。學者推論是由於現在孩子的資訊管道更加多元化，訊息不再只來自「課本」或「家庭」。但是龐大而雜亂的訊息超過孩子可以判斷的能力，也影響到孩子的價值觀，導致「叛逆行為」提早出現。

在社交生活中，我們都傾向找到認同，在朋友間找到一個歸屬感，而不會落單一個人。也因此，孩子必須在同學團體中的「流行文化」和家庭中的「主流文化」之間做出抉擇，這也會增加他們衝突、煩躁、無所適從的感受。

換個角度來看，「叛逆」不代表孩子討厭父母，相反地是因為他在乎爸媽的想法，才會在朋友和爸媽之間拔河，內心因衝突而有情緒波動。想想看，如果孩子真的不在乎家庭，想都不用想就會跟著朋友一起做，又有什麼好在意的呢？

給爸媽的話

面對突然變叛逆的孩子，爸媽難免有些受傷，甚至會跟孩子一起生悶氣，但即便氣壞了也無法解決問題。這時的孩子往往什麼事都鬧脾氣，感覺好像有很多問題，但追本溯源只有一個最簡單的「矛盾點」。

代表挑戰者的孩子覺得自己已經長大，內心吶喊著「我要獨立」，而身為照顧者的爸媽覺得孩子依然是毛頭小子，什麼都不懂、需要別人照顧。於是孩子不斷想證明自己，卻被爸媽視為不停挑釁，衝突越來越大。

此時，孩子希望證明自己可以獨當一面，所以不需要爸媽的耳提面命，特別是在同儕之間。當然這不是真正的「獨立」，畢竟孩子不可能去工作，也不可能養活自己。然而這樣的「假性獨立」，卻是孩子內心所渴望的。

到了孩子十歲以後，隨著他的成長，爸媽的角色也要漸漸改變，讓自己從「教導者」的位置上退下來，變成一個稱職的「諮詢者」。不要什麼事都在旁邊教導、一步步給予指令，而是要讓孩子學習如何在「依賴」與「獨立」之間找到平衡點，找尋自己能力可以真實抵達的範圍。

在引導孩子練習獨立的時候，只有一個重點，就是敞開心胸，等待孩子的求援。我們可以用行動讓孩子感受到：當有困難或問題時，找爸媽商量絕對沒有錯。孩子在這樣反覆的練習下也會越來越成熟，親子間的衝突也會減低。

千萬不要和孩子賭氣說：「好啊，你就自己試試看！」然後用一副看好戲的態度冷眼等待孩子失敗，之後又數落孩子。就事情來說，兩者作法似乎一樣，都事先讓孩子嘗試並得到失敗，再給予建議；但就孩子的感受來說，卻是天南地北的差異，而後者只會讓衝突變得更嚴重。

跟著光光老師這樣做

孩子變得叛逆，不想聽爸媽說話，其實是「自我意識」在搞鬼。他希望自己可以長大，可以脫離家裡獨立。想想看，我們小時候不也有這樣的時期？孩子也一樣。當然不是說要完全順著孩子的想法做，而是要明確說明爸媽可以接受的方式，讓孩子做出選擇。

例如安排了家族聚餐，孩子不想和親戚一起吃飯的話，可以詢問他怎麼做比較好，建議他拿本書自己看，好讓親戚不會講話，或讓他自己思考這種場合哪些事可以自己做。給予孩子明確的行為建議，幫助他避開不想面對的事，孩子自然也會乖乖配合。

在孩子進入「第二反抗期」時，爸媽在和孩子互動上還有三個重點要注意：

一、不要「算舊帳」

「算舊帳」就是用過去的錯誤來懲罰現在的孩子。你不覺得這一點也不公平嗎？一來孩子無法反駁；二來孩子沒辦法改變，因為這些都是已經發生過的事實。當你開始要翻舊帳時，表示你根本不願意聽他說，既然你都不聽，孩子又為何要講呢？如果孩子因此甩頭就走，你是不是又開始抱怨孩子態度不好？關鍵不是誰對誰錯，而是要說服別人時，請不要拿別人的「缺點」來開場，那絕對會是一場災難，並且無法解決問題。

二、不用假設性問題

和叛逆期的孩子討論時，請記得不要用「假設性問題」，例如「我知道你沒有打到他，但是假如是……你會……」。這些敏感的孩子會覺得這是「陷阱題」，反正都是假的。你要說對就對，要說錯就錯，但是他認為自己只要講錯就完蛋，當然怎樣都不願意回答。和孩子溝通時，說的內容一定要基於事實，並且不要刻意延伸。特別是青春期的男生，較無法察覺別人的細微感受，更需要爸爸的角色來協助親子溝通。

三、擁有獨立的空間

隨著自我意識的膨脹，孩子對「隱私權」也特別在意。隨著脫離家裡生活的時間越來越長，孩子開始擁有自己的小祕密，也不希望別人碰他的東西。但是，此時的孩子卻像一個「活動地雷」，特別是如果孩子不喜歡整理，東西到處亂丟，地雷就常莫名其妙地爆發。這時的孩子期望有自己的房間，從中得到內心的安全感，當然每個家庭情況不同，不一定都可以滿足孩子的期望，但我們可以和孩子討論，幫孩子準備一個「可上鎖的抽屜」，讓他擁有自己的隱私，藉此也讓孩子從中獲得內心的滿足，避免不必要的衝突，減少他鬧脾氣的頻率。

給爸媽的小提示

孩子從小都不叛逆，長大就會聽話嗎？孩子如果在兩歲時沒有一直說不要的小叛逆，很有可能會在五歲時才發作，結果一樣惹爸媽生氣。

「叛逆」是孩子尋求自我的副產品，就像地震總是要偶爾宣洩一下，才不會累積太久而變成大地震喔！

8 大人都很偏心

道具介紹 **偏心樹**

昨天的作業太多了，好多人都沒寫完被老師罰站。小夫明明也沒寫，但是老師卻沒有處罰他。小夫在大人面前裝乖巧，大人總是對他特別好，這讓大雄和胖虎都覺得超級不公平。

哆啦A夢拿出「偏心樹」，外型是一個樹木形狀的徽章，只要把徽章別在衣服上，就會特別受到別人寵愛，當然，旁邊的人相對之下就會變得很倒楣啦！

狀況來了：這樣不公平！

孩子常常吵著不公平而鬧情緒。別人請他吃點心，一下子嫌多少不一樣、一下抱怨大小有差，搞得大家都很不開心。玩遊戲也常因誰先誰後、誰多玩一次而爭吵不休。明明就是一點小事，為什麼孩子那麼在意？究竟是太重視公平性？還是孩子在找麻煩？

公平是一種天性，不只是兩歲的小娃娃，就連動物園裡的小猴子，都有公平的概念。心理學家曾經做過一個實驗，分別給兩隻猴子一個代幣，讓他們交換水果。第一隻猴子先換，第二隻在旁邊看。第一隻拿著代幣換到葡萄，很開心地吃著，輪到第二隻猴子時，牠的代幣卻只換到黃瓜。這時第二隻猴子就拒絕交出代幣或拒絕接受黃瓜，藉此表示自己的不滿。

「同工不同酬」這件事，就連猴子都會發火，更何況是孩子呢？孩子當然會在意大人偏不偏心。只不過可能和爸媽想的不同，其實是十歲大的孩子更在意大人是否偏心喔！讓我們先來認識一下孩子對「公平性」的發展歷程。

在三歲時，孩子最在意是「多少」，對數量概念還沒成熟，只要看到比較大、比較高、比較長的，直覺就是比較多。明明一樣多，但他會因為外型不一樣而鬧脾氣。此時的孩子比較在乎有或沒有，對於公平還在萌芽階段。

五歲時的孩子在意的是「數量」，只要數量一致就是公平，所以孩子常常也會顯得斤斤計較，很愛比來比去、數來數去。換個觀點來看，這表示孩子數數的能力出來了。此時的孩子雖然強調公平，但真正分配糖果時，還是希望自己多一點。

到七歲時，孩子最在意的是「服從」，也就是大家是否都會遵守規則。此時孩子可以控制自己，努力配合規範，當別人違反規則時，就會覺得非常不公平。這時期的孩子在分糖果時，可以做到數量上的公平，讓自己和大家一樣多。

十歲的孩子最在意的則是「平等」，即便在沒有大人額外規範下，也可以維持公平性。此時孩子知道規範可以透過協商改變，是有彈性而不是神聖不可侵犯的。但如果大人破壞了約定規範，他們就會覺得非常不公平。這時期的孩子在分糖果時，會出現即使自己少拿糖果也要維持公平性的情形。

給爸媽的話

當孩子抱怨「不公平」時，請不要直覺認為他們是在找麻煩，而是要依據孩子的年齡給予不同引導。我們最常搞錯的就是，認為孩子年紀大了所以要忍耐，不要那麼愛計較，其實孩子反而是長大了才會在意大人是否偏心。

「公平」不是表面上的數字，不是大家數量一樣就是公平。如果只要將東西平均分配，那真的容易許多，但有些東西是無法平均的，像是洋娃娃總不可能切成一半，一個人玩上半身，一個人玩下半身吧。孩子最在意的不是物品，而是爸媽與老師公平的對待，其他都只是他們借題發揮的測試。

不要陷入孩子的「公平考試」中，幫孩子解答如何才會公平是永遠沒完沒了的。五歲以上的孩子，因為已經可以參與「規則性遊戲」，可以多陪他們玩一些桌遊，透過遊戲熟悉各種不同「遊戲規則」，就是最好的練習。

在「遊戲化」的定義中，遊戲規則就是參與者之間衝突集結起來並文字化的結果。參與遊戲的目標是要比輸贏，但如果一個遊戲只要第一個出發就會贏，那就一點都不好玩了。「遊戲規則」就是在彼此堅持、妥協後，協商出大家都同意的公平原則。

陪著孩子一起遊戲，讓孩子學會更多種不同形式的公平，增加孩子對公平的彈性。引導孩子思考一下，每個遊戲規則都一樣嗎？絕對不是，不然就很無趣了。帶領孩子也是如此，不是死板板的公平，而是要給予不同的規範，達到最大的公平性。請注意，在和孩子們一起遊戲時，爸媽要有最大的參與、最小的介入，不要把遊戲時光變成「公民道德課」喔！

跟著光光老師這樣做

在成長過程中，我們不一定會記得「公平的老師」，但是一定會記得「偏心的老師」。特別是對於十多歲的孩子來說，成人是否公平、公正地對待，對孩子的「道德感」非常重要。

「道德感」的兩大支柱為「互惠」和「同理心」，而顯示在外的行為則是「公平」和「同情」。當我們在對待孩子時是否可以做到盡量公平、不偏心，這點也就非常重要，因為這會影響到孩子日後的價值觀。當孩子抗議不公平時，也可能是孩子的求救訊號，表示他需要爸媽額外的關心喔！

當孩子抗議不公平時，有三個重點必須注意：

一、傾聽孩子表達

由於孩子的年齡、性別、氣質不同，在教養時往往無法用百分之百相同的方式。就像是九歲的哥哥要寫一小時的作業，總不能要四歲的弟弟也跟著一起寫。在現實生活中，完全公平不可能存在，所以當孩子抗議時，爸媽也不要急著反駁，而是先平心靜氣地「聽」。說話也是一種解決心理壓力的方式，有時孩子只要說完了，情緒也平靜下來了。

二、規範必須一致

孩子對於獎勵的不公平，在心態上比較能接受，但對於處罰，只要有一點不公平，就會讓孩子情緒波動。特別是在七至九歲，孩子更容易因為規範不一致出現情緒失控的情況。在定義規範時，一定要包括所有的孩子，而不是每個孩子的規則不一樣，這樣只會增加彼此的摩擦。在定義規則時，請注意越少越好的原則，比較容易讓孩子願意配合而養成習慣。

三、尋求雙贏技巧

「公平」最重要的目的就是學會「互惠」。當媽媽給我七個糖果，但是弟弟只有三個，這時我會給弟弟兩個，這樣才公平。這不只是追求公平，更重要的是學會互惠；當下一次我比較少的時候，別人也會這樣對我。因此，公平最重要的目標是在尋求「雙贏」，讓彼此可以從中獲得好處，而不是單單在數目、數量上的執著。請帶著孩子一起想想，有沒有什麼方式可以讓大家都滿意。隨著孩子解決問題的策略越多，學會如何和他人協商，就不會一直抱怨不公平了。

此外，當孩子抱怨不公平時，不建議教導孩子「如何討大人開心」的策略。確實，孩子的嘴巴越甜，越容易得人疼愛，但會讓孩子有個錯覺，只要會討人開心，別人就會對我偏心。「說話好聽」是一種禮貌、一種教養，而不是為了獲得別人的偏愛。

給爸媽的小提示

當家裡有兩個孩子時，最好的公平不是將時間平均分配，也不是全家黏在一起，而是讓孩子們都有機會「單獨擁有爸媽」，這樣才公平。不論是誰都希望擁有爸媽全心全意的愛，而不是只有二分之一。當孩子的內心得到滿足，自然就不會鬧脾氣了。

結語

遲鈍不一定是壞事

說到「遲鈍」，我們直覺就是不好的，不像「敏捷、聰明、機靈」都是一般人所追求嚮往的特質。「遲鈍」彷彿是一個巨大的缺點，一定要被糾正過來才行，也難怪大雄會被搞到這麼沒自信。但我們從另一個角度來看，遲鈍也很重要。現在很多人有失眠困擾，即便勞累過頭，但闔上了眼睛，心裡卻一直無法寧靜，必須仰賴安眠藥否則無法入睡。反觀大雄倒頭睡的超能力，這是多麼幸福的事啊。

我們常常羨慕別人很有才華、很聰明，甚至盲目地違背自己的個性，只希望和別人一樣。但是，真的只要有才華就會成功嗎？有才華的人多如過江之鯽，但能魚躍龍門的人卻寥寥可數。即便有通天的才華，在被別人發掘之前，依然會遇到許許多多的挫折或拒絕，唯有堅持到底的人才會成功。

一個成功的人，在成長的過程中，絕對沒有少過遭人嘲笑、冷言冷語的時刻，但就是要有那種遲鈍感，不要太過在意別人的說法，並一而再、再而三地堅持下去，最後才能成功。相反地，一個心思過度敏感的人，別人委婉地說一次「不」，內心就深深受到傷害，困在裡面久久不能出來。這樣看來，「敏感」反倒變成了一種負擔。

在現在的生活中，太敏感甚至是一種困擾，每天神經兮兮地擔心，焦慮到不能控制自己，忙碌得像一個陀螺一樣不停在原地打轉，這樣又有什麼意思呢？還不如讓自己遲鈍一點，多一分從容，針對想做的事持續不斷地執行，即使一開始慢了點，但久了也會有驚人的成就。

大雄拚命地想改變，想讓自己變得動作靈巧、思想敏捷、口若懸河，卻是一再地失敗。每次激起鬥志、加快腳步地往前衝，沒跑多久卻又自己絆倒，摔個四腳朝天。其實，我們可以試著回到自己的步調，只要方向正確，就算是慢慢往前走，也會走到目標。

大雄的媽媽做法就很正確，她從不依賴哆啦A夢的道具，不期望大雄可以立即改變。即便擁有各種神奇道具，她仍堅持大雄一定要分擔家務，就是不要讓他變得茶來伸手、飯來張口。她希望孩子持續每天在做事中脫離玻璃心，培養出抵抗力，才能學會克服困難。成長不就是如此嗎？就是一次一次地克服難關，才能獲得自信，贏得最後的成功。

遲鈍不是一個缺點，也可能是一種另類天賦。就讓我們帶一點遲鈍，不要太敏感，一步一步地前進。按照自己的步調，配合自己的呼吸，就可以走得更久更遠。隨著醫療進步，人類的平均壽命也被延長很多，就算小時候慢了一、兩年又如何？只要慢慢追上就可以了。不要放棄孩子，也不要讓孩子放棄自己。

在人生的道路上，有時候走慢一點，甚至繞一點路，反而比較快走到目標喔！到時再回頭看，過去那跌跌撞撞的曲折道路，反而是旅程中最值得回味的記憶。

跟著光光老師，教出高正向小孩
家有大雄不用煩！「兒童專注力教主」有效解決天天上演的教養難題

作者／廖笙光（光光老師）

主編／林孜懃
封面設計／三人制創工作室
內頁設計排版／連紫吟．曹任華
行銷企劃／鍾曼靈
出版一部總編輯暨總監／王明雪

發行人／王榮文
出版發行／遠流出版事業股份有限公司
104005 台北市中山北路一段 11 號 13 樓
電話／（02）2571-0297 傳真／（02）2571-0197 郵撥／0189456-1
著作權顧問／蕭雄淋律師
□ 2018 年 4 月 1 日 初版一刷
□ 2021 年 7 月 5 日 初版四刷

定價／新台幣 320 元（缺頁或破損的書，請寄回更換）

ISBN 978-957-32-8243-3

遠流博識網 http://www.ylib.com E-mail: ylib@ylib.com
遠流粉絲團 https://www.facebook.com/ylibfans

國家圖書館出版品預行編目 (CIP) 資料

跟著光光老師，教出高正向小孩：家有大雄不用煩！
「兒童專注力教主」有效解決天天上演的教養難題
/ 廖笙光著 . -- 初版 . -- 臺北市：遠流 , 2018.04
面； 公分

ISBN 978-957-32-8243-3 (平裝)
1. 育兒 2. 兒童心理學 3. 親職教育

428.8 107003510